Theory of Machines and Mechanisms

机械原理

主　编　崔　岩　张春燕

复旦大学出版社

内容提要

　　本书根据机械原理教学基本要求编写，内容包括：平面机构的结构分析、机构的运动分析、连杆机构、凸轮机构、齿轮机构、其他常用机构、机械的平衡、机械运转和速度波动的调节等。作者在编写中现实地考虑了目前本科机械类专业机械原理课程的教学时数，按照实际可能完成的教学任务以及培养计划的要求编排教学内容。本书通俗易懂、难度适当。

　　本书可作为高等工科院校机械类及近机械类各专业教材，也可供各专业师生在学习机械原理课程时作为参考。

本书的出版得到了上海工程技术大学教材建设项目"金课建设计划背景下应用型开放式《机械原理》教材建设"的支持

前　言

　　本教材根据机械原理课程教学基本要求,综合考虑目前高等学校机械原理课程的实际教学时数后,基于作者教学实践经验和当前教学改革以及我国机械工业发展的需要编写而成。

　　本教材的编排次序为先机构后机器,先运动学后动力学,在每个章节的安排上贯彻先分析基本概念、后讨论设计方法的思路。本书重点讨论了机构的结构分析和运动分析,连杆机构、凸轮机构、齿轮机构和轮系,最后介绍了转子平衡和速度波动调节等内容。内容安排方面力求符合认知规律,便于讲解,有利于提高学生分析问题和解决问题的能力;讲解中尽量联系实际,通俗易懂地介绍机械原理的课程内容,在讲清基本概念的前提下,力求减少篇幅,使之适合目前实际的学时数安排。

　　为了加强对学生创新意识的培养,本教材加入了一些在工程实践中应用得较成功的、具有一定创新性的实例,以期能激发学生的创造性思维,增强其对本课的兴趣,并能灵活应用所学知识去解决工程实际问题。

　　本教材由崔岩、张春燕主编。参加本教材编写工作的有崔岩(全书统编、第6、7、10章)、张春燕(全书统编,第1章),滕兵(第2、4章)、张美华(第3章)、韩丽华(第5、8章)、杨杰(第9章)。

　　本教材的出版得到了上海工程技术大学教材建设项目"金课建设计划背景下应用型开放式《机械原理》教材建设"的支持,在此表示感谢 。

　　本教材难免仍有漏误及不当之处,敬请各位机械原理教师及广大读者不吝指正。谢谢!

作　者

2021 年 8 月

目 录

第1章

绪　　论

1.1　机械原理课程的研究对象及内容

本书名为《机械原理》(Theory of Machines and Mechanisms),顾名思义,可知其研究的对象是机械,而其研究的内容则是有关机械的基本理论问题。

机械(machinery)是机器(machine)和机构(mechanism)的总称。我们对机构并不陌生,理论力学等课程已对一些机构(如连杆机构、齿轮机构等)的运动学及动力学问题进行过研究。

在工程实际中,常见的机构还有带传动机构、链传动机构、凸轮机构、螺旋机构等,各种机构都是用来传递与变换运动和力的可动的装置。至于机器,则都是根据某种使用要求而设计的用来变换或传递能量、物料和信息的执行机械运动的装置,如电动机或发电机用来变换能量,加工机械用来变换物料的状态,起重运输机械用来传递物料,计算机用来变换信息等。

在日常生活和生产中,我们都接触过许多机器。各种不同的机器具有不同的形式、构造和用途,但通过分析可以看到,这些不同的机器都是由各种机构组合而成的。例如图1-1所示的内燃机就包含着由气缸9、活塞8、连杆3和曲轴4组成的连杆机构,由齿轮1和2组成的齿轮机构以及由凸轮轴5和阀门推杆6、7组成的凸轮机构等。图1-2(a)所示为工件自动装卸装置,其中就包含着带传动机构、蜗杆传动机构、凸轮机构和连杆机构等。此装置的工作原理是:由电动机通过各机构的传动而使滑杆向左移动时,滑杆上的动爪和定爪将工件夹住。当滑杆带着工件向右移动(见图1-2(b))到一定位置时,夹持器的动爪受挡块的压迫将工件松开,于是工件落于工件载送器上,被送到下道工序。

可以说,机器是一种用来变换或传递能量、物料与信息的机构的组合。

本书研究的内容主要包括以下几个方面:

(1) 机构结构分析的基本知识

首先研究机构是怎样组成的以及机构具有确定运动的条件;其次研究机构的组成原理

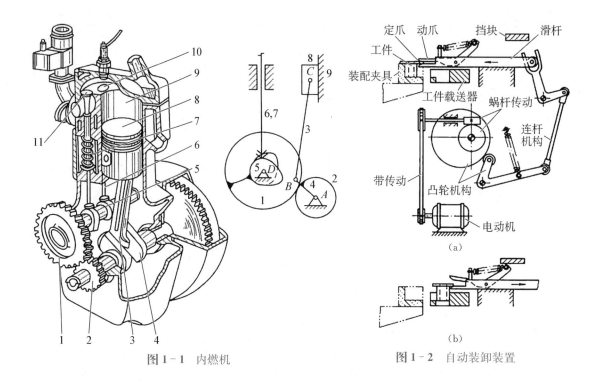

图 1-1　内燃机　　　　　　　　　　　图 1-2　自动装卸装置

及机构的结构分类;最后研究如何用简单的图形把机构的结构状况表示出来,即如何绘制机构的运动简图。

(2) 机构的运动分析

对机构进行运动分析是了解现有机械运动性能的必要手段,也是设计新机械的重要步骤。本书将介绍对机构进行运动分析的基本原理和方法。

(3) 机器动力学

机器动力学研究的内容主要包括:一是分析机器在运转过程中其各构件的受力情况以及这些力的做功情况;二是研究机器在已知外力作用下的运动、机器速度波动的调节和不平衡惯性力的平衡。

(4) 常用机构的分析与设计

对常用机构的运动及工作特性进行分析,并探索其设计方法。另外,对机器人机构也做了简要的介绍。

(5) 机械系统的方案设计

最后,本书将讨论在进行具体机械设计时,机构的选型、组合、变异及机械系统的方案设计等问题,以便读者对这方面的问题有一个概略的了解,并初步具有拟定机械系统方案的能力。

1.2　学习机械原理课程的目的和方法

1. 学习机械原理的目的

作为机械类专业的学生,在今后的学习和工作中总要遇到许多关于机械的设计和使用方面的问题。所以,机械原理课程是机械类各专业必修的一门重要的技术基础课,而本课程所学的内容是机械的基础知识。

现代世界各国间的竞争主要表现为综合国力的竞争。要提高我国的综合国力,就要在一切生产部门实现生产机械化和自动化,这就需要创造出大量的、种类繁多的、新颖优良的机械来装备各行各业,为各行业的高速发展创造有利条件。而任何新技术、新成果的获得,莫不有赖于机械工业的支持。所以,机械工业是国家综合国力发展的基石。

为了满足各行各业和广大人民群众日益增长的新需求,就要创造出越来越多的新产品,这导致现代机械工业对创造型人才的渴求与日俱增。机械原理课程在培养机械方面的创造型人才中将起到不可或缺的作用。

2. 机械原理课程的学习方法

机械原理课程是一门技术基础课程。一方面,它较大学物理、理论力学等理论课程更加贴合工程实际;另一方面,它又与专业机械课程有所不同,它不具体研究某种机械,而只是对各种机械的一些共性问题和常用的机构进行较为深入的探讨。为了学好本课程,在学习过程中,同学们就要着重注意搞清基本概念,理解基本原理,掌握机构分析和综合的基本方法。

机械原理课程中对于机械的研究包括以下两部分内容:

(1) 研究各种机构和机器所具有的一般共性问题,如机构的组成理论、机构运动学、机器动力学等。

(2) 研究各种机器中常用的一些机构的性能及设计方法,以及机械系统方案设计的问题。

要注意培养自己运用所学的基本理论和方法去发现、分析和解决工程实际问题的能力。解决工程实际问题往往可以采用多种方法,所得结果一般不是唯一的,这就涉及分析、对比、判断和决策的问题。对事物的分析、判断、决策的能力是一个工程技术人员所必须具备的基础能力,在学习中必须刻意加以培养。

在应用机械原理课程所学的知识时,要注意融会贯通,不要墨守成规,尤其是在独创性已成为决定产品设计成败关键的今天,更应着重培养自己的创新精神和能力。本书中一些打 * 号的小字部分的内容,多属于正文内容的拓展和延伸,或为一些创新性应用较成功的工程实例,同学们应争取多阅读,以开拓自己的眼界,启迪思维,促进自己创造能力的提高。

工程问题都是涉及多方面因素的综合性的问题,故要养成综合分析、全面考虑问题的习惯。另外,工程问题都要经过实践的严格考验,不允许有半点疏忽,故在学习中就要坚持科学严谨的、一丝不苟的工作作风,认真负责的工作态度,讲求实效的工程观点。

第 2 章

机构的结构分析

2.1 机构的组成

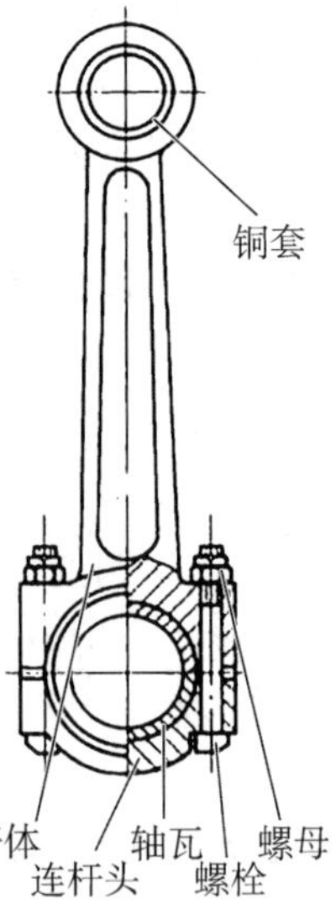

1. 构件

任何机器都是由许多零件组合而成的。图 2-1 所示的内燃机就是由缸体、活塞、连杆体、连杆头、曲轴、齿轮等一系列零件组成的。在这些零件中,有的是作为一个独立的运动单元体而运动的,有的则常常由于结构和工艺上的需要,与其他零件刚性地连接在一起,作为一个运动单元体而运动。例如,图中的连杆就是由连杆体、连杆头、螺栓、螺母、垫圈等零件刚性地连接在一起(见图 2-1),作为一个整体而运动的。这些刚性地连接在一起的零件共同组成一个独立的运动单元体。机器中每一个独立的运动单元体都称为一个构件,构件是组成机构的基本要素之一。从运动的观点来看,可以说任何机器都是由若干个(两个以上)构件组合而成的。

图 2-1 连杆

(铜套, 连杆体, 连杆头, 轴瓦, 螺栓, 螺母)

2. 运动副

当由构件组成机构时,需要以一定的方式把各构件彼此连接起来,而被连接的两构件之间必须可以相对运动(这种连接显然不能是刚性的,因为如果是刚性的,两者便成为一个构件了)。这种由两个构件直接接触而组成的可动连接称为运动副,运动副也是组成机构的基本要素。而两构件上能够参加接触而构成运动副的表面称为运动副元素,运动副元素有点、线、面三种形式。

根据运动副元素可对运动副进行分类。凡通过面接触而构成的运动副统称为低副,如图 2-2 和图 2-3 所示。凡两构件通过单一点或线接触而构成的运动副统称为高副,如图 2-4 所示。

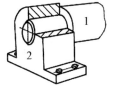

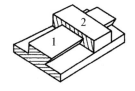

图 2-2 转动副 图 2-3 移动副 图 2-4 高副

低副还可根据构成运动副的两构件之间的相对运动的不同来分类。两构件之间的相对运动为转动的运动副称为转动副或回转副(见图 2-2),也称铰链;相对运动为移动的运动副称为移动副(见图 2-3)。由于构成转动副和移动副两构件之间的相对运动均为单自由度的最简单运动,故这两种运动副也称为基本运动副,而其他形式的运动副则可看作由这两种基本运动副组合而成的。例如,表 2-1 中的槽销副(表示代号 RP)就可以看作转动副 R 和移动副 P 的组合。平面副、球面副、球销副、圆柱副及螺旋副等也都是如此。此外,根据构成运动副的两构件之间的相对运动是平面运动还是空间运动,还可以把运动副分为平面运动副(planar kinematic pair)和空间运动副(spatial kinematic pair)两大类。

表 2-1　常用运动副的模型及符号

运动副名称及代号	运动副模型	运动副级别及封闭方式	运动副符号	
			平面表示符号	空间表示符号
平面运动副	转动副 R	V 级副几何封闭		三维　轴面　端面
	移动副 P			

机械原理

续表

运动副名称及代号	运动副模型	运动副级别及封闭方式	运动副符号	
			平面表示符号	空间表示符号
平面运动副		Ⅳ级副 几何封闭		
		Ⅳ级副 几何封闭		
		2-Ⅴ级副 几何封闭		
空间运动副	圆柱副 C（RP）	Ⅳ级副 几何封闭		
	螺旋副 H（RP）	Ⅴ级副 几何封闭	（开合螺母）	
	胡克铰链 H（RP）	Ⅳ级副 几何封闭		

续表

运动副名称及代号	运动副模型	运动副级别及封闭方式	运动副符号	
			平面表示符号	空间表示符号
空间运动副		Ⅰ级副 几何封闭		
		Ⅱ级副 几何封闭		
		Ⅲ级副 几何封闭		
		Ⅲ级副 几何封闭		
		Ⅳ级副 几何封闭		

3. 运动链

　　构件通过运动副的连接而构成的可相对运动的系统称为运动链。如果运动链的各构件构成了首末封闭的系统,如图 2-5(a)、(b)所示,则称其为闭式运动链,或简称闭链;如组成运动链的构件未构成首末封闭的系统,如图 2-5(c)、(d)所示,则称其为开式运动链,或简称开链。在一般机械中都采用闭链,开链多用在机械手中。此外,根据运动链中各构件间的相对运动是平面运动还是空间运动,可把运动链分为平面运动链和空间运动链两类,分别如图 2-5(a)、(c)及图 2-5(c)、(d)所示。

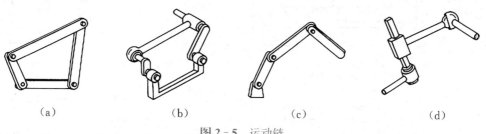

　　(a)　　　　　　　　(b)　　　　　　　　(c)　　　　　　　　(d)

图 2-5　运动链

4. 机构

在运动链中,如果将其中某一构件固定不动,对另一个构件或另几个构件施加动力或运动,若其余构件都做确定的相对运动,则该运动链称为机构,如图 2-6 所示的铰链四杆机构。机构中,固定不动的构件称为机架,施加动力或运动的构件称为原动件,其余构件称为从动件,一个机构中机架只有一个,原动件至少一个。一般情况下,机架相对于地面是固定不动的,但若机械安装在车、船、飞机等运动物体上,机架相对于地面则可能是运动的。

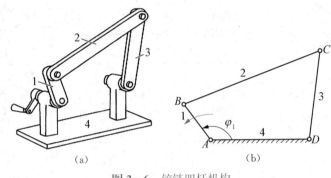

(a)　(b)

图 2-6　铰链四杆机构

2.2　机构运动简图

当分析现有机械或设计新机械时,需要绘出其机构运动简图。机构各部分的运动是由其原动件的运动规律、该机构中各运动副的类型和机构的运动尺寸(确定各运动副相对位置的尺寸)决定的,而与构件的外形(高副机构的运动副元素除外)、断面尺寸、组成构件的零件数目及固定连接方式等无关。根据机构的运动尺寸,按一定的比例尺定出各运动副的位置,通过常用运动副符号(见表 2-2)和一般构件的表示方法(见表 2-3)将机构的运动传递情况表示出来,这种用于表示机构运动传递情况的简化图形称为机构运动简图。

表 2-2　常用机构运动简图符号

在支架上的电动机		齿轮齿条传动	
带传动		圆锥齿轮传动	

续表

链传动	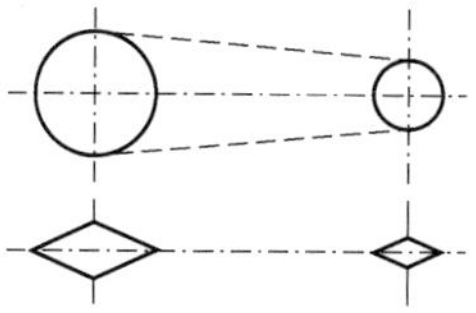	圆柱蜗杆传动	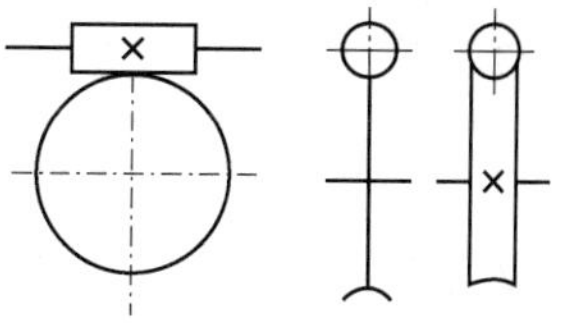
摩擦轮传动	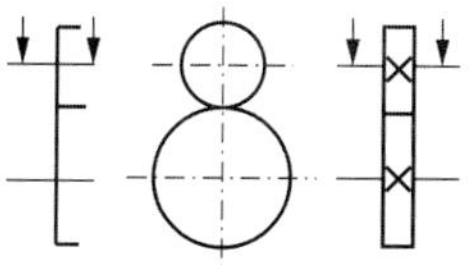	凸轮机构	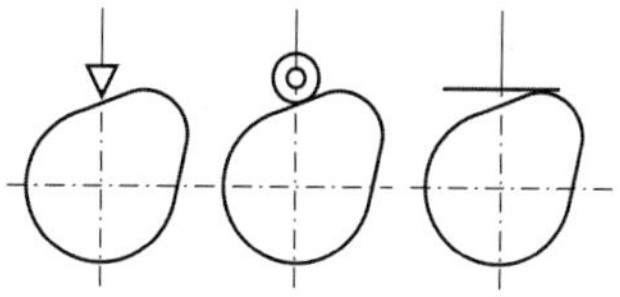
外啮合齿轮传动	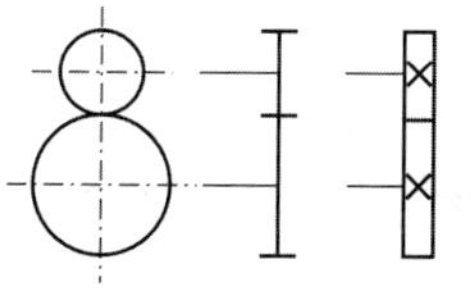	槽轮机构	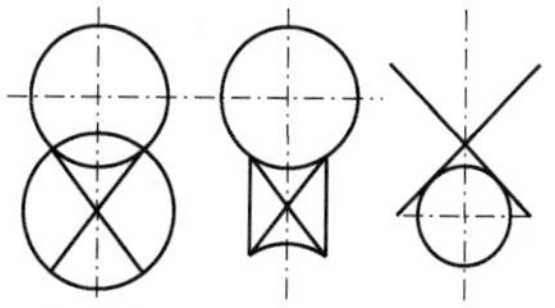 外啮合　内啮合
内啮合齿轮传动	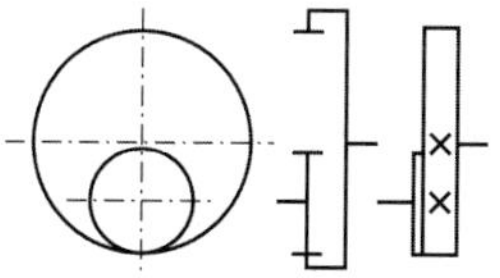	棘轮机构	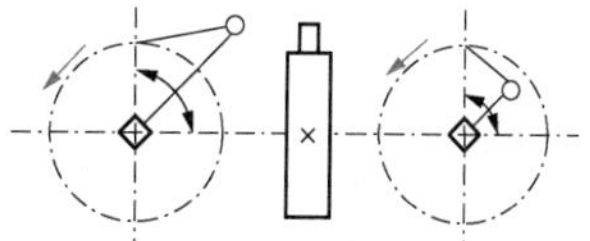 外啮合　内啮合

表 2－3　一般构件的表示方法

杆、轴类构件	表示方法				
固定构件（机架）	 固定杆、轴	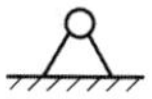 固定铰链杆	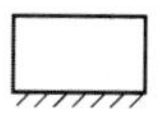 固定滑块	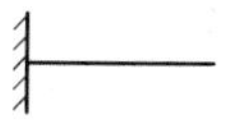 固定轴,杆	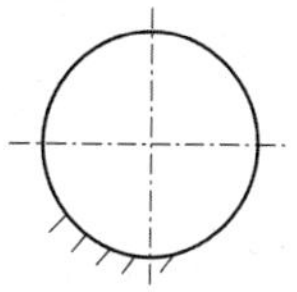 固定齿轮
同一构件	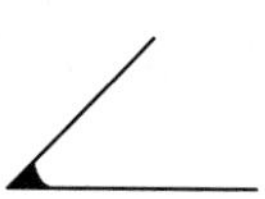 固连杆	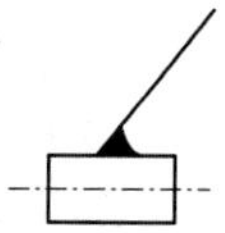 固连杆块	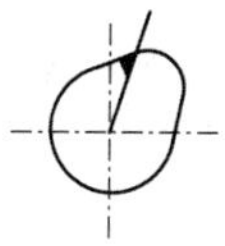 固连杆-凸轮	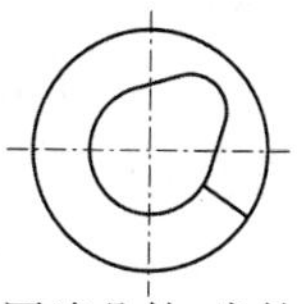 固连凸轮-齿轮	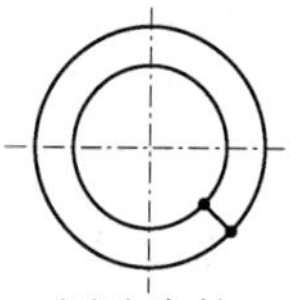 固连齿轮

续表

杆、轴类构件	表示方法				
俩副构件	双转动副杆	转-移两副杆	双连滑块	十字滑块	转动-高副杆
多副构件	三副构件			三副构件	
连架构件	曲柄	摇杆	滑块	转块或摇块	导杆

在绘制机构运动简图时,必须按照原机械的运动尺寸,严格地按确定的比例尺(实际尺寸:绘制尺寸)绘出。这样绘制出的机构运动简图不仅可以简明地表达出原机械的结构及运动情况,还可以对机构进行运动分析和动力分析。如果不严格地按照比例尺绘制,这种图形只能称为机构运动示意图。

绘制平面机构运动简图的步骤如下:

(1) 首先分析整个机械的实际结构和运动情况。具体来说就是先分清机械的运动单元,每个运动单元为一个构件,然后确定出机构的机架、原动件及从动件,并从原动件开始依次用数字1、2、3…对所有构件进行编号,一般原动件编号数字最小,机架编号数字最大。

(2) 按照运动的传递路线,依次分析每两个直接接触构件的运动关系,确定其运动副类型。分析的原则是先看运动副元素再判断运动方式;判断运动方式时,假定组成运动副的两构件中任意一个构件固定,看另一个构件相对固定的运动形式;最后将转动副用字母 A、B、C 等标注出来。

(3) 将整个机械固定,测量转动副之间的实际尺寸,必要时测量辅助尺寸,将所有转动副在图上按照比例尺绘制出来,并标上相应的字母、编号。

(4) 添加构件并标识构件编号,绘制出其余运动副。表示机架的构件利用阴影线表示,表示原动件的构件用箭头标识出,箭头指向与实际转动方向相同。

需要注意的是,表示转动副的圆圈内应无任何线条,转动中心为圆心;表示滑块的长方形构件内应无任何线条,且长方形的长边必须与两构件的相对移动方向平行。

为了具体说明机构运动简图的画法,下面举例说明。

例2-1 图2-7(a)所示为一颚式破碎机。当曲柄1绕轴心 O 连续回转时,动颚板5绕轴心 F 往复摆动,从而将矿石轧碎。试绘制此破碎机的机构运动简图。

解 由破碎机的工作过程可知,其原动件为曲柄1(曲柄1与后面的大带轮一起运动,为同一个构件),执行构件为动颚板5。沿运动传递的路线可以看出,此破碎机由原动件曲柄1、从动件构件2、3、4、5和机架6共6个构件组成。其中,曲柄1、机架6和构件2形成典型偏心轮机构,曲柄1和机架6在 O 点构成转动副 O,曲柄1和构件2形成的运动副元素初看是线,其实任何构件都有一定的厚度,所以实际上两个构件是由圆环面与圆环面形成的面接触,所以必定是平面低副。再分析其相对运动。在平面内假定构件1不动,构件2相对构件1做平面直动的话,两构件就会脱离接触,其运动副就被破坏,所以构件2只能绕构件1的几何中心点转动,两者在 A 点形成转动副 A。而构件2还与构件3、4在 D、B 两点分别构成转动副,构件3还与机架6在 E 点构成转动副,动颚板5与构件4、机架6分别在 C 点、F 点构成转动副。

将破碎机的组成情况搞清楚后,再选定视图平面和比例尺,并根据该机构的运动尺寸定出各转动副 O、A、B、C、D、E、F 的位置,画出各转动副和表示各构件的线段,在原动件上标出表示运动方向的箭头,即可得到其机构运动简图,如图2-7(b)所示。

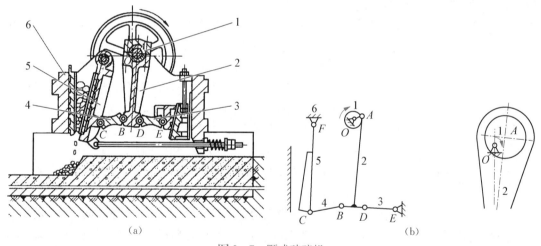

图2-7 颚式破碎机

例2-2 试绘制如图2-8(a)所示机构的运动简图。

解 运动副分析如图2-8所示,运动简图如图2-8(b)所示。本题要注意:对于如图2-8(a)所示的情况,由于两个构件的转动副 B 和 C 与移动副导路方向在一条线上,造成表达困难,此时可把画成滑块的那个构件画在该构件转动副所在位置。例如,构件2有一个转动副和一个移动副,转动副在 B 点,滑块就画在 B 点,方向沿移动副方向,构件3画成穿越滑块长方形的直杆。当然,构件3和2组成移动副,还有个转动副在 C 点,也可把构件3画成位置在 C 的滑块,构件2画成穿越的直杆。

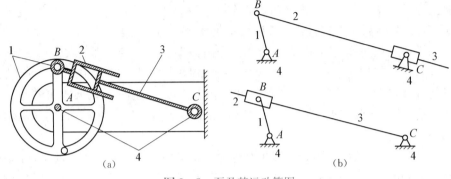

图 2-8　泵及其运动简图

2.3　运动链成为机构的条件

为了按照一定的要求进行运动的传递及变换,当机构的原动件按给定的运动规律运动时,该机构的其余构件的运动也应该是确定的。一个机构在什么条件下才能实现确定的运动呢? 为了说明这个问题,下面先来分析几个例子。

在图 2-6 所示的铰链四杆机构中,构件 4 为机架,若给定构件 1 的角位移规律,根据几何尺规作图不难看出,此时构件 2、3 的位置唯一确定,其运动便都完全确定了。

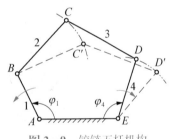

图 2-9　铰链五杆机构

图 2-9 所示的铰链五杆机构,若也只给定构件 1 的角位移规律,此时构件 2、3、4 的运动并不能确定。但是,若再给定构件 4 的角位移规律,则不难看出,B、D 两点位置确定时,分别以 B、D 为圆心,以构件 2、3 的杆长为半径,可得唯一 C 点位置,此机构各构件的运动便完全确定了。

机构具有确定运动时必须给定的独立运动参数的数目称为机构的自由度,常用 F 表示。

由于一般机构的原动件都是和机架相连的,为了使机构具有确定的运动,机构的原动件数目应等于机构的自由度的数目。这就是机构具有确定运动的条件。当机构不满足这一条件时,如果机构的原动件数目小于机构的自由度,则机构的运动将不完全确定。如果原动件数大于机构的自由度,则将导致机构中最薄弱的环节损坏。

如上所述,欲使机构具有确定的运动,其原动件的数目应该等于该机构的自由度的数目。那么机构的自由度又该怎样计算呢? 下面讨论平面机构的自由度计算问题。

由于在平面机构中,各构件只做平面运动,所以每个自由构件具有 3 个自由度(沿 X、Y 轴向的平动及绕某点的转动)。而每个平面低副(转动副和移动副)各提供 2 个约束,每个平面高副只提供一个约束。设平面机构中共有 n 个活动构件(机架不是活动构件,原动件和从动件都为活动构件),在各构件未用运动副连接时,它们共有 $3n$ 个自由度。当各构件用运动副连接之后,若共有 p_1 个低副和 p_h 个高副,则它们将一共提供 $(2p_1 + p_h)$ 个约束,故机构

的自由度为

$$F = 3n - (2p_1 + p_h) \tag{2-1}$$

利用这一公式不难算得前述四杆和五杆铰链机构的自由度分别为 1 和 2，与前述分析一致。下面再举一例：

例 2-3　试计算如图 1-1 所示内燃机的自由度。

解　由其机构运动简图不难看出，此机构共有 6 个活动构件（即活塞 8、连杆 3、曲轴 4、凸轮轴 5、进、排气阀推杆 6 与 7），7 个低副（即转动副 A、B、C、D 和由活塞、进、排气阀推杆与缸体构成的 3 个移动副），3 个高副（1 个齿轮高副及由进、排气阀推杆与凸轮构成的 2 个高副），故机构的自由度为

$$F = 3n - (2p_1 + p_h) = 3 \times 6 - (2 \times 7 + 3) = 1$$

2.4　计算平面机构自由度时应注意的问题

在计算平面机构的自由度时，还有一些应注意的事项必须正确处理，否则会得不到正确的结果。现将这些应注意的事项简述如下。

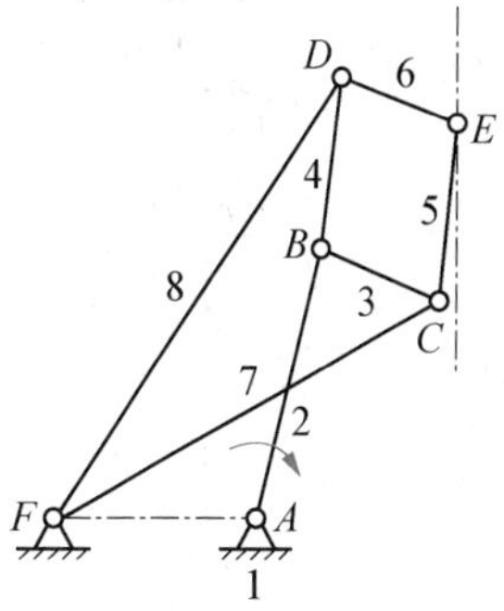

$$\overline{BC} = \overline{BD} = \overline{DE} = \overline{CE}$$
$$\overline{AB} = \overline{AF}，\overline{CF} = \overline{DF}$$

图 2-10　直线机构

2.4.1　正确计算转动副的数目（复合铰链）

两个以上的构件通过一个转动副符号相连接，则此处构成了复合铰链，图 2-10 所示为 3 个构件组成的复合铰链，不难看出，它实际上是 2 个转动副，因此 $m(m > 2)$ 个构件（此处的构件数包含机架在内）通过一个转动副符号连接在一起，组成复合铰链，此处共有 $(m-1)$ 个转动副。在计算机构的自由度时，应注意机构中是否存在复合铰链并正确处理。

例 2-4　试计算图 2-10 所示机构的自由度。

解　此机构 B、C、D、F 四处都是由 3 个构件组成的复合铰链，各具有两个转动副，此四处共有 8 个转动副，加上 A、E 两处的两个转动副，故其活动构件 $n = 7$，低副 $p_1 = 10$，高副 $p_h = 0$，由式（2-1）得

$$F = 3n - (2p_1 + p_h) = 3 \times 7 - (2 \times 10 + 0) = 1$$

2.4.2　除去局部自由度

在有些机构中，某些构件产生的局部运动并不影响其他构件的运动，称这种局部运动的自由度为局部自由度。例如，在图 2-11(a) 所示的滚子推杆凸轮机构中，为了减少高副元素的磨损，在推杆 2 和凸轮 1 之间装了一个滚子 3，滚子 3 绕其自身轴线的转动并不影响其他构件的运动，因而它只是一种局部自由度，在计算机构的自由度时，应将局部自由度除去，除去的方法为将滚子 3 和推杆 2 焊接成一个构件，如图 2-11(b) 所示。

对于图 2-11(a)所示的凸轮机构,去除局部自由度后,其自由度为

$$F = 3n - (2p_1 + p_h) = 3 \times 2 - (2 \times 2 + 1) = 1$$

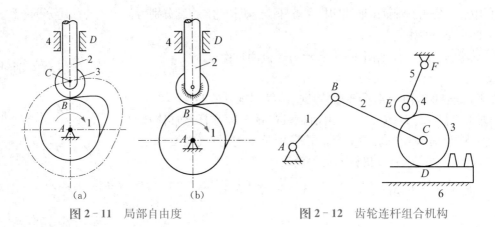

图 2-11　局部自由度　　　　图 2-12　齿轮连杆组合机构

例 2-5　试计算图 2-12 所示机构的自由度。

图 2-12 所示机构中,构件 1、2、5 为杆状构件,构件 3、4 为齿轮,构件 6(齿条)为机架。通过分析可以看出构件 4 齿轮绕其自身轴线的转动并不影响其他构件(构件 1、2、5)的运动;同样,构件 3 齿轮绕其自身轴线的转动也并不影响其他构件(构件 1、2、5)的运动,所以构件 3 和构件 4 分别与构件 5 和构件 2 在 E、C 处形成局部自由度,处理方法是将构件 2 与构件 3 焊接成一个构件,将构件 4 和构件 5 焊接成一个构件。局部自由度处理完成后,活动构件 $n=3$,低副 $p_1=3$,高副 $p_h=2$,由式(2-1)得

$$F = 3n - (2p_1 + p_h) = 3 \times 3 - (2 \times 3 + 2) = 1$$

此题亦有学者认为,构件 3 分别与构件 4、机架 6 形成高副,每处有 2 个高副,共有 4 个高副,故有 $F = 3n - (2p_2 + p_h) = 3 \times 5 - (2 \times 5 + 4) = 1$,此处不展开讨论。

2.4.3　除去虚约束

在机构中,有些运动副带入的约束对机构的运动只起重复约束作用,把这类约束称为虚约束。例如,在图 2-13(a)所示的平行四边形机构中,连杆 3 做平动,为了保证连杆运动的确定性,在机构中增加了一个与构件 2 平行且等长的构件 5 及两个转动副 E、F,如图 2-13(b)所示。显然这样的改变对该机构各从动件的运动轨迹并不产生影响,但如按式(2-1)计算机构的自由度,则变为

$$F = 3n - (2p_1 + p_h) = 3 \times 4 - (2 \times 6 + 0) = 0$$

按照前面的分析结论可知,当自由度数等于 0 时,运动链是无法运动的,这样的计算结果显然与实际不符。造成该结果的原因就是增加了一个活动构件 5(引入了 3 个自由度)和两个转动副 E、F(引入了 4 个约束),等于多引入了一个约束。而这个约束对机构的运动只起重

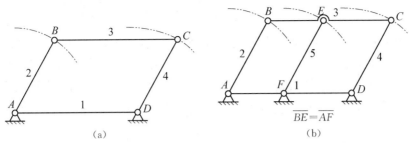

图 2－13　平行四边形机构

复的约束作用（即转动副 E 连接前后连杆上 E 点的运动轨迹是一样的），因而是一个虚约束。在计算机构的自由度时，应该首先去除虚约束。

故计算图 2－13(b)所示机构的自由度时，首先去除虚约束。由前面的分析可知，该机构中的虚约束是由构件 5 及其构成的两个转动副 E、F 产生的，所以将构件 5 及转动副 E、F 同时去除，则计算自由度为

$$F = 3n - (2p_1 + p_h) = 3 \times 3 - (2 \times 4 + 0) = 1$$

机构中的虚约束常发生在下列情况：

（1）机构中，如果运动副连接的是两构件上运动轨迹相重合的点，则该连接将带入虚约束。如图 2－13(b)就属于这种情况。又如，在图 2－14 所示的椭圆机构中，$\angle CAD = 90°$，$BC = BD$，构件 CD 线上各点的运动轨迹均为椭圆。该机构中转动副 C 所连接的 C_2 与 C_3，两点的轨迹就是重合的，均沿 y 轴做直线运动，故将代入虚约束。处理方法为去除构件 3 或构件 4，同时去除该构件构成的所有运动副。例如，去除构件 4，同时去除转动副 D 及水平的移动副。

（2）在机构中，引入多组完全相同的（重复的）的运动链，所带入的约束为虚约束。图 2－15 所示机构中，齿轮 $2'$、$2''$ 为重复的运动链，即虚约束。计算自由度前应将齿轮 $2'$、$2''$ 及其构成的运动副去除。该机构中齿轮 1、3 及机架形成了复合铰链，所以该机构共有 3 个转动副，分别由齿轮 2 与机架、齿轮 1 与机架以及齿轮 3 与机架构成：

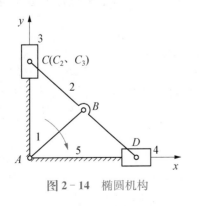

图 2－14　椭圆机构

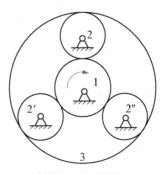

图 2－15　轮系

$$F=3n-(2p_1+p_h)=3\times3-(2\times3+2)=1$$

（3）如果两构件在多处接触而构成转动副，且转动轴线重合（见图2-16）；或者在多处接触而构成移动副，且移动方向彼此平行（见图2-17）；或者两构件构成为平面高副，且各接触点处的公法线彼此重合（见图2-18），则在计算自由度时，均只保留一个运动副，将多余的运动副去除。去除后均只能算作一个运动副（一个转动副、一个移动副、一个平面高副）。

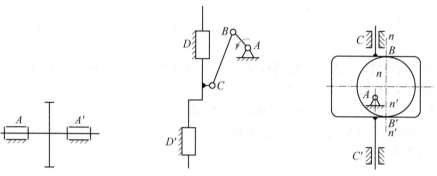

图2-16　转动副轴线重合　　　图2-17　移动副方向平行　　　图2-18　高副公法线重合

如果两构件在多处接触，构成平面高副，而在各接触点处的公法线方向彼此不重合（见图2-19），就不构成虚约束了，所形成的复合高副相当于一个低副。图2-19(a)相当于一个转动副，图2-19(b)相当于一个移动副。

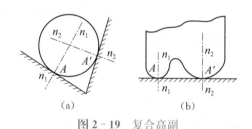

(a)　　　　　　　(b)

图2-19　复合高副

例2-6　计算图2-20所示运动链的自由度，并说明要想有确定的运动，各图中运动链的原动件应为多少？

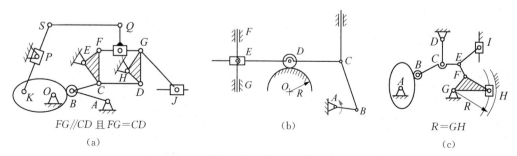

FG//CD 且 FG=CD
(a)　　　　　　　(b)　　　　　　R=GH
　　　　　　　　　　　　　　　　　(c)

图2-20　例2-6图

解 图 2-20(a)中,因为 $FG /\!/ CD$ 且 $FG = CD$,所以此处形成虚约束,将构件 CD 及其产生的 2 个转动副同时去除;B 处的滚子形成局部自由度,将滚子和构件 AB 或者构件 BC(二选一)焊接,例如将滚子和构件 AB 焊接后,构件 AB 与构件 BC 通过一个转动副连接;构件 FG、构件 GHD 及构件 GJ 在 G 处产生复合铰链,处理后如图 2-21 所示。需要注意的是,B 处有一个转动副,D 处无转动副,G 处有两个转动副,自由度计算如下:

$$F = 3n - (2p_1 + p_h) = 3 \times 12 - (2 \times 17 + 1) = 1$$

要使该运动链有确定的运动,需要一个原动件。

图 2-20(b)中,C 处的转动副由 3 个杆状构件组成,故此处是一个复合铰链,有两个转动副;D 处有一个局部自由度,将滚子与杆状构件焊接在一起;F、G 处为两个构件(一个机架和一个杆状构件)形成的平行移动副,构成虚约束,保留一个,去除一个。最终自由度计算如下:

$$F = 3n - (2p_1 + p_h) = 3 \times 6 - (2 \times 8 + 1) = 1$$

要使该运动链有确定的运动,需要一个原动件。

图 2-20(c)中,由于 $R = GH$,导致 H 处滑块的运动轨迹和构件 FGH 中 H 点的运动轨迹重合,所以构成虚约束,将 H 处的滑块及其构成的运动副去除,如图 2-21(b)所示;B 处滚子为局部自由度,将滚子与构件 BCE 焊接;E 处形成复合铰链,由 3 个构件构成,此处应有两个转动副。自由度计算如下:

$$F = 3n - (2p_1 + p_h) = 3 \times 7 - (2 \times 9 + 1) = 1$$

要使该运动链有确定的运动,需要一个原动件。

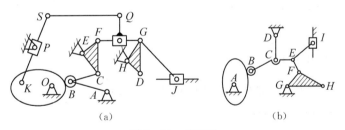

(a)　　　　　　　　　　　　　(b)

图 2-21　处理后

2.5　平面机构的组成原理与结构分析

2.5.1　平面机构的组成原理

我们知道,机构具有确定运动的条件是其原动件数等于其所具有的自由度数。因此,如将机构的机架及与机架相连的原动件从机构中拆分开来,则由其余构件构成的构件组必然是一个自由度为零的构件组。而这个自由度为零的构件组,有时还可以再拆成更简单的自

由度为零的构件组。把最后不能再拆的最简单的自由度为零的构件组称为基本杆组或阿苏尔杆组,简称杆组。根据上面的分析可知,任何机构都可以看作由若干个基本杆组依次连接于原动件和机架上而构成。这就是机构的组成原理。

根据上述原理,当对现有机构进行运动分析或动力分析时,可将机构分解为机架、原动件及若干个基本杆组,然后对相同的基本杆组以相同的方法分析。例如,图 2 - 22(a)所示的破碎机,因其自由度 $F = 1$,故只有一个原动件。如将原动件 1 及机架 6 与其余构件拆开,则由构件 2、3、4、5 所构成的杆组的自由度为零。还可以再拆分为由构件 4 与 5 和构件 2 与 3 所组成的两个基本杆组(见图 2 - 22(b)),它们的自由度均为零。反之,当设计一个新机构的机构运动简图时,可先选定一个机架,并将数目等于机构自由度数的 F 个原动件用运动副连于机架上,然后再将一个个基本杆组依次连接于机架和原动件上,就构成一个新机构。但应注意,在杆组并接时,不能将同一杆组的各个外接运动副(如杆组 4、5 中的转动副)连接于同一构件上(见图 2 - 23),否则将起不到增加杆组的作用。

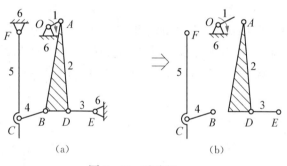

图 2 - 22 破碎机

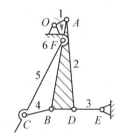

图 2 - 23 杆组的错误连接

2.5.2 平面机构的结构分类

机构的结构分类是根据机构中基本杆组的不同组成形态进行的。根据式(2 - 1),组成平面机构的基本杆组应符合条件:

$$3n - 2p_1 - p_h = 0 \qquad (2-2)$$

式中,n 为基本杆组中的构件数;p_1 及 p_h 分别为基本杆组中的低副数和高副数。又如,在基本杆组中的运动副全部为低副,则式(2 - 2)变为

$$3n - 2p_1 = 0 \quad 或 \quad n/2 = p/3 \qquad (2-3)$$

由于构件数和运动副数都必须是整数,故 n 应是 2 的倍数,而 p_1 应是 3 的倍数,它们的组合有 $n = 2$,$p_1 = 3$;$n = 4$,$p_1 = 6$;……可见,最简单的基本杆组是由 2 个构件和 3 个低副构成的,我们把这种基本杆组称为Ⅱ级组。Ⅱ级组是应用得最多的基本杆组,绝大多数的机构都是由Ⅱ级组构成的。Ⅱ级组有 5 种不同的类型,如图 2 - 24 所示。

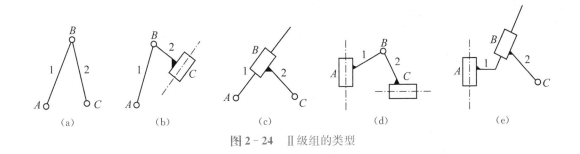

图 2-24　Ⅱ级组的类型

在少数结构比较复杂的机构中,除了 n 级组外,可能还有其他较高级的基本杆组。图 2-25 所示的 3 种结构形式均由 4 个构件和 6 个低副组成,而且都有一个包含 3 个低副的构件,此种基本杆组称为Ⅲ级组。较Ⅲ级组更高级的基本杆组,因在实际机构中很少遇到,此处就不再列举了。

在同一机构中可以包含不同级别的基本杆组。由最高级别为Ⅱ级的基本杆组构成的机构称为Ⅱ级机构,最高级别为Ⅲ级的基本杆组构成的机构称为Ⅲ级机构,而只由机架和原动件构成的机构(如杠杆机构、斜面机构等)称为Ⅰ级机构。

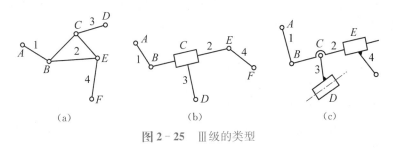

图 2-25　Ⅲ级的类型

2.5.3　平面机构的结构分析

机构结构分析的目的是了解机构的组成,并确定机构的级别。

在对机构进行结构分析时,首先应正确计算机构的自由度(注意除去机构中的虚约束和局部自由度),并确定原动件。然后,从远离原动件的构件开始拆杆组。先试拆Ⅱ级组,若不成,再拆Ⅲ级组。每拆出一个杆组后,留下的部分仍应是一个与原机构有相同自由度的机构,直至全部杆组拆出只剩下原动件和机架为止。最后,确定机构的级别。例如,对图 2-26(a)所示机构进行结构分析时,取构件 1 为原动件,可依次拆出构件 5 与 4、构件 2 与 3 两个Ⅱ级杆组,最后剩下原动件 1 和机架 6,如图 2-26(b)所示。由于拆出的最高级别的杆组是Ⅱ级杆组,故机构称为Ⅱ级机构。如果取原动件为构件 5,则此时只可拆下一个由构件 1、2、3 和 4 组成的Ⅲ级杆组,最后剩下原动件 5 和机架 6,如图 2-26(c)所示。此时机构将成为Ⅲ级机构。由此可见,同一机构因所取的原动件不同,有可能成为不同级别的机构。当机构的原动件确定后,杆组的拆法和机构的级别就确定了。

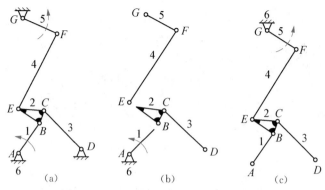

图 2-26 不同原动件时机构的结构分析

上面介绍的是假设机构中的运动副全部为低副的情况。如果机构中尚含有高副,则为了分析研究方便,可用高副低代的方法,先将机构中的高副变为低副,然后再按上述方法进行结构分析和分类。

2.5.4 平面机构中的高副低代

为了便于对含有高副的平面机构进行分析研究,可以根据一定的条件将机构中的高副虚拟地以低副加以代替,这种以低副来代替高副的方法称为高副低代。

进行高副低代必须满足的条件:

(1) 代替前后机构的自由度完全相同。

(2) 代替前后机构的瞬时速度和瞬时加速度完全相同。

由于平面机构中一个高副仅提供一个约束,而一个低副提供两个约束,故不能用一个低副直接代替一个高副,那么如何高副低代呢?下面用两个具体例子来说明这个问题。

图 2-27 所示为一高副机构,其高副元素为 2 个圆弧。在机构运动时,构件 1、2 分别绕点 A、B 转动,两圆连心线 K_1K_2 的长度将保持不变。同时 A_1K_2 及 B_1K_2 的长度也保持不变。因此,如果设想用一个虚拟的构件分别与构件 1、2 在 K_1、K_2 点与转动副相连,以代替由该两圆弧所构成的高副,显然机构的自由度和运动均不发生任何改变,即它能满足高副低代的 2 个条件。高副低代后的平面低副机构称为原平面高副机构的替代机构。

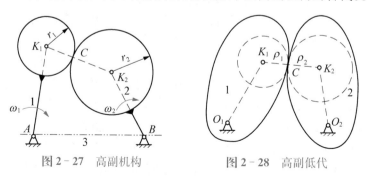

图 2-27 高副机构　　　　　　**图 2-28** 高副低代

又如图 2-28 所示的机构,其高副元素为 2 个非圆曲线,它们在接触点 C 处的曲率中心

分别为 K_1 和 K_2 点。在对此高副进行低代时,同样可以用一个虚拟的构件分别在 K_1、K_2 点与构件 1、2 与转动副相连,也能满足高副低代的 2 个条件。所不同的只是此两曲线轮廓各处的曲率半径 ρ_1 和 ρ_2 不同,其曲率中心至构件回转中心的距离也随之不同,所以这种代替只是瞬时代替,其替代机构的尺寸将因机构的位置不同而不同。

　　根据以上分析可以得出结论,在平面机构中进行高副低代时,为了使代替前后机构的自由度、瞬时速度和加速度保持不变,只要用一个虚拟构件分别与两高副构件在过接触点的曲率中心处通过转动副相连。

　　如果高副元素之一为一直线(图 2 - 29 所示的凸轮机构的平底推杆),则因其曲率中心在无穷远处,所以低代时虚拟构件这一端的转动副将转化为移动副。

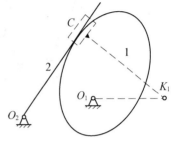

　　根据上述方法,将含有高副的平面机构变换为全低副的平面机构,然后就可以按运动副全为低副的情况进行机构结构分析,并运用低副机构的分析方法对其进行分析研究。

图 2 - 29　平底推杆凸轮机构

例 2 - 7　将图 2 - 30(a)所示机构进行高副低代。

　　进行高副低代之前要将机构中的虚约束和局部自由度去除,该机构中 E 处的转动副由滚子和凸轮机构组成,为局部自由度,所以应将滚子与构件 2 焊接看作一个构件。构件 3 与滚子形成两个公法线重合的高副,为虚约束,所以应将多余的高副去除,只保留一个高副,处理后如图 2 - 30(b)所示。通过观察可看出,构件 1 与构件 2 处形成的高副可以通过增加一个构件及两个转动副替代,转动副分别位于 B、C 处,新增构件为杆件,构件 2 与构件 3 处形成的高副可以通过增加一个构件、一个转动副及一个移动副替代,转动副位于 E 处,新增构件为滑块,替代完成后如图 2 - 30(c)所示。

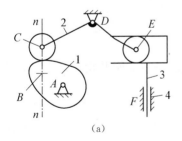 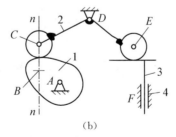 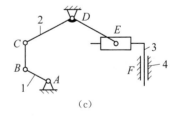

图 2 - 30　高副低代例题

2 - 1　画出下图所示四个机构的运动简图。

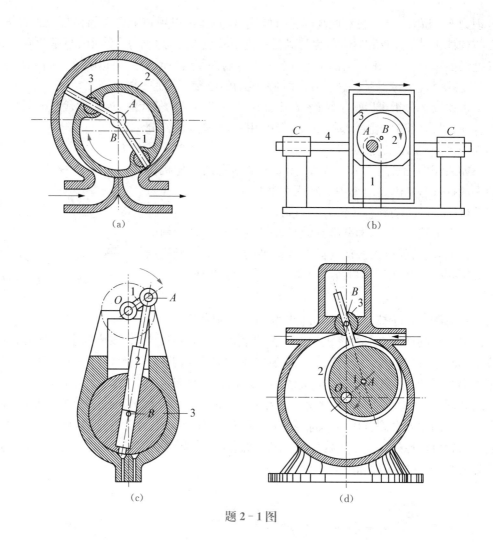

(a)

(b)

(c)

(d)

题 2 - 1 图

2 - 2 自由度计算(若有局部自由度、复合铰链或虚约束请在图中标明并指出,写明计算过程):

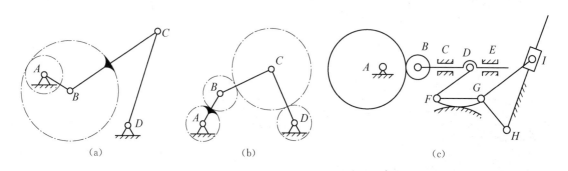

(a)   (b)   (c)

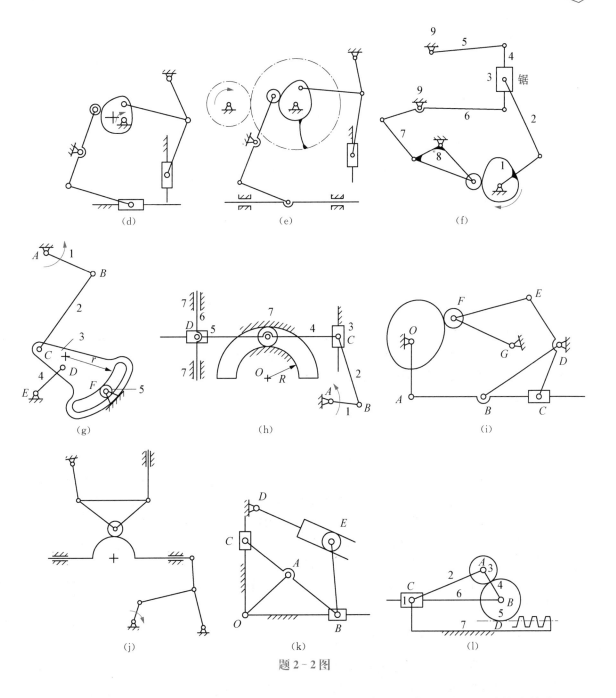

题 2 - 2 图

2 - 3 尝试对题 2 - 2 中的图(g)(h)(i)(j)中的机构进行高副低代、拆分杆组并指出其为几
级机构。

第3章

平面机构的运动分析

3.1 平面机构运动分析的目的与方法

机构的运动分析是指在已知机构的几何参数、原动件的运动规律和运动参数的条件下,确定机构中其余构件上任意点的轨迹、位置、位移、速度和加速度;计算机构中任意构件的角位置、角位移、角速度和角加速度,这对于研究现有机构的运动性能以及进行新机构的综合,是不可缺少的内容。

3.1.1 平面机构运动分析的目的

对平面机构进行运动分析,主要有以下 3 个目的:

(1) 对机构进行位移分析,可以确定各构件运动所需要的空间,判断它们运动时是否会相互干涉。还可以确定从动件的行程,考察某构件或构件上某点能否实现位置和轨迹要求。

(2) 对机构进行速度分析,可以了解机构中从动件的速度变化是否满足工作要求,并为进一步做机构的加速度分析和受力分析提供必要的数据。在高速、重型机械中,构件的惯性力较大,这对机械的强度、振动和动力性能都有较大影响。

(3) 对机构进行加速度分析,可为惯性力的计算提供加速度数据,为动力计算提供基础数据。

3.1.2 平面机构运动分析的方法

机构运动分析的方法很多,主要有图解法和解析法。

图解法包括速度瞬心法和相对运动图解法。图解法的特点是直观、实用、方便,可以简洁直观地了解机构的某个或某几个位置的运动特性,精度也能满足实际问题的要求。该方法用于平面机构较简单,但过程比较繁琐。

解析法就是建立机构已知参数和待求参数的关系方程式,并进行求解,获取未知参数。它不像图解法那样形象、直观,计算量也较大,但借助计算机,可以精确地知道或了解机构在整个运动循环过程中的运动特性,获得很高的计算精度及一系列位置的分析结果,并能绘出机构相应的运动线图;通过解析法建立数学模型,把机构分析和机构综合问题联系起来,以便于机构的优化设计。

此外,也可以采用现有的商业软件进行机构的运动分析,如 ADAMS、Pro/E 等。用 ADAMS 可以创建参数化的机构模型,对机构进行运动学、静力学和动力学分析,输出位移、速度和加速度曲线。

本章将介绍图解法的两种方法,且仅限于研究平面机构的运动分析。

3.2　速度瞬心法及其应用

3.2.1　速度瞬心的基本概念

当一个刚体(构件)相对于另一个刚体(构件)做平面运动时(见图 3-1),在任一瞬时,都可以认为它们是绕某一重合点做相对转动,而该重合点称为两构件的瞬时转动中心或速度瞬心,简称瞬心,常用符号 P_{ij} 表示构件 i、j 间的瞬心。

显然,两构件在其瞬心处是没有相对速度的,即相对速度为零,绝对速度相等(大小相等、方向相同)。因此,瞬心也可以称为两相对运动构件的同速点(瞬时等速重合点)。这里要特别注意的是,速度瞬心仅是机构运动中某一瞬时两构件相对速度为零的点,不适用于整个运动过程。

图 3-1 中构件 1、2 在 A 点的相对速度为 v_{A1A2},在 B 点的相对速度为 v_{B1B2},自 A、B 两点分别做相对速度方向的垂线,交点就是相对速度瞬心 P_{12}。两构件的相对运动可视为绕相对速度瞬心 P_{12} 的定轴转动。

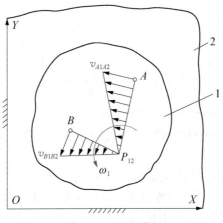

图 3-1　速度瞬心

瞬心分为两种:绝对瞬心和相对瞬心。若两构件中一个构件为机架,瞬心的绝对速度为

零,该瞬心称为绝对瞬心;若两构件都运动,瞬心的绝对速度不为零,则该瞬心称为相对瞬心。

瞬心有以下特点:

(1)因瞬心是两构件的相对运动回转中心,故当已知两构件的相对速度方向时,瞬心必位于两相对运动速度方向垂线的交点上。

(2)两构件在瞬心点相对速度为零,其绝对速度必然相等。绝对速度相同且为0的瞬心称为绝对瞬心,否则称为相对瞬心。由于两构件在瞬心点绝对速度相等(大小相等、方向相同)。因此,瞬心也可以称为两相对运动构件的同速点(瞬时等速重合点)。

3.2.2 速度瞬心的数目

因为产生相对运动的任意两构件之间具有一个瞬心,根据排列组合的知识可知,如果一个机构由 N 个构件组成(含机架),那么它的瞬心总数 K 为

$$K = \frac{N(N-1)}{2} \tag{3-1}$$

3.2.3 速度瞬心的位置确定

如上所述,机构中每两个构件之间就有一个瞬心。如果两个构件是通过运动副直接连接在一起的,那么其瞬心位置可以很容易地通过直接观察法确定。如果两构件并非直接连接形成运动副,那么它们的瞬心位置需要用三心定理来确定,现分别介绍如下。

1. 通过运动副直接相连的两构件的瞬心位置

(1)当两构件直接相连组成转动副时,两构件在转动副中心点速度相同,故转动副中心点就是其瞬心,如图3-2所示。当两构件1、2以转动副连接时,则转动副的中心为其瞬心 P_{12}。图3-2(a)所示为绝对瞬心,图3-2(b)所示为相对瞬心。

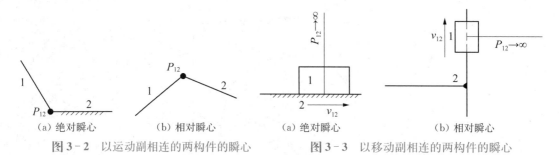

图3-2 以运动副相连的两构件的瞬心　　　　图3-3 以移动副相连的两构件的瞬心

(2)当两构件组成移动副时,因相对速度方向是沿导路方向的,构件1与构件2重合点的相对速度都与导路平行,故瞬心在垂直于导路的无穷远处,如图3-3所示。图3-3(a)所示为绝对瞬心,图3-3(b)所示为相对瞬心。

(3)当两构件组成平面高副时,如果两高副元素做纯滚动,由于接触点处的相对速度为零,故滚动接触点 M 就是其瞬心,如图3-4(a)所示。如果高副两元素之间既做相对滚动,

又有相对滑动,则两构件的瞬心必位于高副两元素过接触点 M 的公法线 nn 上,具体位置需要根据其他条件来确定,如图 3-4(b)所示。

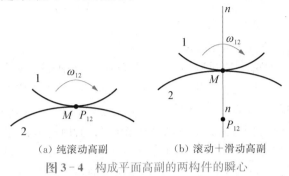

(a) 纯滚动高副   (b) 滚动+滑动高副

图 3-4 构成平面高副的两构件的瞬心

2. 不直接相连的两构件的瞬心位置

若 2 个构件不直接用运动副相连,其瞬心可用三心定理来求。

三心定理 彼此做平面相对运动的 3 个构件,共有 3 个瞬心,且它们必位于同一直线上。

证明(反证法):如图 3-5 所示,设构件 1、2、3 彼此做平面相对运动,由式(3-1)可知,它们共有 3 个瞬心 P_{12}、P_{13} 和 P_{23}。为了简化证明过程,设构件 3 为机架,构件 1、2 用转动副与其相连,通过直接判断可知瞬心 P_{13}、P_{23} 位于两转动副中心处。P_{12} 为不直接构成运动副的构件 1 和 2 的瞬心。由于构件 3 是固定构件,故 P_{13}、P_{23} 是绝对瞬心。现在要确定构件 1 与构件 2 的相对速度瞬心 P_{12},现假设 P_{12} 不在 P_{23} 和 P_{13} 的连线上,而是位于图 3-5 所示的 K 点,则 K 点为构件 1 和构件 2 的瞬时速度相同的重合点。由运动分析可知,构件 1 上的 K 点与构件 2 上的 K 点的速度方向不同,相对速度不为零,即 K 不是构件 1、2 的速度瞬心。由此可知:构件 1、2 的速度瞬心只能在 P_{13} 和 P_{23} 的连线上。至于瞬心 P_{12} 的具体位置要由构件 1、2 的角速度比值来确定。

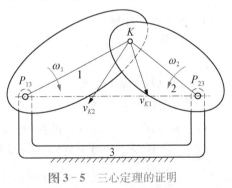

图 3-5 三心定理的证明

例 **3-1** 求图 3-6(a)所示铰链四杆机构各瞬心位置。

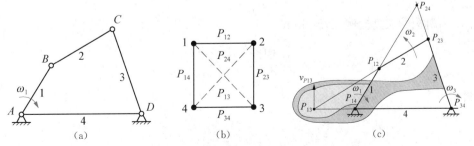

(a)   (b)   (c)

图 3-6 平面四杆机构的瞬心

解　先求该机构的瞬心总数,即

$$K = \frac{N(N-1)}{2} = \frac{4(4-1)}{2} = 6$$

分别为 P_{12}、P_{13}、P_{14}、P_{23}、P_{24} 和 P_{34}。

直接接触构件的速度瞬心通过观察可以直接确定,其中 4 个瞬心就是 4 个铰链中心: P_{14} 在 A 点、P_{12} 在 B 点、P_{23} 在 C 点、P_{34} 在 D 点,而 P_{24} 和 P_{13} 待求。

为了迅速准确地找到不直接接触构件的瞬心位置,可构造一个辅助瞬心多边形。多边形顶点分别表示相应构件,任意两顶点连线表示相应两构件瞬心,位置已知的瞬心用实线连接,待定的瞬心用虚线连接。在本题中共 4 个构件,所以可以做一个辅助四边形,如图 3-6 (b)所示,4 个顶点分别表示构件 1、2、3、4;4 条边分别表示已确定的 4 个瞬心 P_{14}、P_{12}、 P_{23} 和 P_{34}。虚线 2—4 和 1—3 表示不直接接触构件的瞬心。从图中可看出,线段 1—3 是 △123 和 △143 的公共边,把该线段在两个三角形中的邻边所表示的点连起来。根据三心定理,P_{13} 应该与 P_{12}(B)、P_{23}(C)共线,同时又应与 P_{14}(A)、P_{34}(D)共线,所以连接 BC 和 AD,两直线交点即所求 P_{13};同理,2—4 是 △124 和 △234 的公共边,连接 AB 和 CD,两直线交点为 P_{24}。求得瞬心后将相应的虚线改成实线。当多边形中所有的连线都为实线时,说明机构的全部瞬心都已求出。具体求解如图 3-6(c)所示。

3.2.4　速度瞬心在平面机构速度分析中的应用

1. 铰链四杆机构

例 3-2　在图 3-6 所示的铰链四杆机构中,已知各构件的长度及原动件 1 的角速度 ω_1,求:

(1) 从动件 3 的角速度 ω_3;

(2) 从动件 2 的角速度 ω_2;

(3) 原动件 1 与从动件 3 的瞬时角速比 ω_1/ω_3。

解　(1) 由瞬心的概念可知,P_{13} 为构件 1、3 的等速重合点,其绝对速度相等,所以

P_{13} 在构件 1 上的速度:$v_{P_{13}}^1 = \omega_1 l_{P_{13}P_{14}} = \omega_1 \overline{P_{13}P_{14}} \mu_l$

P_{13} 在构件 3 上的速度:$v_{P_{13}}^3 = \omega_1 l_{P_{13}P_{34}} = \omega_1 \overline{P_{13}P_{34}} \mu_l$

且　　　　　　　　　　　　　　　$v_{P_{13}}^1 = v_{P_{13}}^3$

式中:μ_l 为机构的长度比例尺,m/mm,

$$\mu_l = \frac{构件实际长度(\mathrm{m})}{图中所画构件长度(\mathrm{mm})}$$

可求得

$$\omega_3 = \frac{l_{P_{13}P_{14}}}{l_{P_{13}P_{34}}} \omega_1 = \frac{\overline{P_{13}P_{14}}}{\overline{P_{13}P_{34}}} \omega_1$$

方向与构件 1 的角速度方向相同,为顺时针方向,如图 3-6(c)所示。

(2) 由于构件 4 为机架,所以瞬心 P_{24} 为构件 2 和 4 的绝对瞬心,此时构件 2 的运动为绕绝对瞬心 P_{24} 的转动。由瞬心的概念可知,P_{12} 为构件 1、2 的等速重合点,其绝对速度相等,所以

$$v_{P_{12}} = \omega_1 l_{P_{12}P_{14}} = \omega_1 l_{P_{12}P_{24}}$$

可求得

$$\omega_2 = \frac{l_{P_{12}P_{14}}}{l_{P_{12}P_{24}}} \omega_1 = \frac{\overline{P_{12}P_{14}}}{\overline{P_{12}P_{24}}} \omega_1$$

方向与构件 1 的角速度方向相反,为逆时针方向,如图 3-6(c)所示。

(3) 由解 1)可知

$$\frac{\omega_1}{\omega_3} = \frac{l_{P_{13}P_{34}}}{l_{P_{13}P_{14}}} = \frac{\overline{P_{13}P_{34}}}{\overline{P_{13}P_{14}}}$$

由此可见:两构件角速度之比等于其绝对速度瞬心的连线被相对速度瞬心分得的两线段的反比。

推广开来,上式可写为

$$\frac{\omega_i}{\omega_j} = \frac{\text{构件 } j \text{ 的绝对速度瞬心到构件 } i\text{、}j \text{ 的相对速度瞬心间的距离}}{\text{构件 } i \text{ 的绝对速度瞬心到构件 } i\text{、}j \text{ 的相对速度瞬心间的距离}}$$

方向:当两构件的相对速度瞬心位于两构件绝对速度瞬心之间时,两构件转向必定相反。当两构件的相对速度瞬心位于两构件绝对速度瞬心之间连线的延长线上时,两构件转向必定相同。

例如,图 3-6(c)中 P_{13} 位于 P_{14}、P_{34} 连线的延长线上,所以构件 1、3 的转向相同。图 3-6(c)中 P_{12} 位于 P_{14}、P_{24} 连线的延长线上,所以构件 1、2 的转向相反。

2. 曲柄滑块机构

例 3-3 如图 3-7 所示的曲柄滑块机构中,各构件的长度、原动件 1 的角速度 ω_1 均已知,求滑块 3 的速度 v_3。

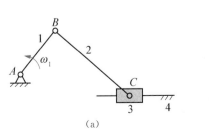

(a)

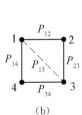

(b)

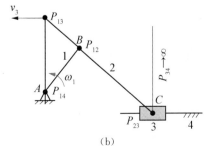

(b)

图 3-7 曲柄滑块机构的速度瞬心

解 为求滑块 3 的速度,先求得 P_{13}。

在辅助瞬心多边形中线段 1—3 是 △123 和 △134 的公共边,把该线段在两个三角形中的邻边所表示的点连起来,P_{34} 在垂直于 AC 方向的无穷远处,即连接 BC,过 A 做垂直于 AC 的方向线(P_{34} 在垂直于 BC 方向的无穷远处),相交可得 P_{13}。

P_{13} 是构件 1、3 上速度相同的重合点,所以滑块 3 的速度为

$$v_3 = v_{P_{13}} = \omega_1 l_{P_{13}P_{14}} = \mu\omega_1 \overline{P_{13}P_{14}}$$

其方向为水平向左。

3. 高副机构

例 3-4 在图 3-8 所示的凸轮机构中,已知各构件的尺寸,原动件凸轮以角速度 ω_1 逆时针方向回转,试用瞬心法求从动件 2 在此瞬时的速度 v_2。

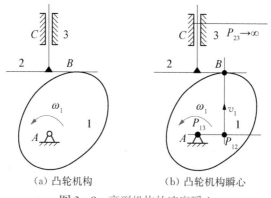

（a）凸轮机构　　　（b）凸轮机构瞬心

图 3-8 高副机构的速度瞬心

解 该机构共有 3 个速度瞬心。构件 1 和构件 3 构成了转动副,构件 2 和构件 3 构成了移动副,由直接观察法可得构件 1 和 3 的瞬心 P_{13} 在转动副的中心 A 点,构件 2 和 3 的瞬心 P_{23} 在垂直于移动导路的无穷远处,即水平方向,如图 3-8(b)所示;由于凸轮 1 和从动件 2 构成有滚动、有滑动的高副,因此瞬心 P_{12} 应在过接触点 B 的公法线上,又根据三心定理,P_{12} 与 P_{13}、P_{23} 共线,因而 P_{13}、P_{23} 连线与过接触点 B 的公法线的交点即瞬心 P_{12}。

由瞬心的概念可知,P_{12} 为构件 1 和构件 2 的等速重合点,其绝对速度相等,因此可求得

$$v_2 = v_{P_{12}} = \omega_1 l_{P_{12}P_{13}} = \omega_1 \overline{P_{12}P_{13}}\mu_l$$

方向如图 3-8(b)所示。

总结:用瞬心法进行机构的速度分析,关键是利用两个构件瞬心速度相等,分别列方程求解。

速度瞬心法主要用来求解如下 3 种类型:机构中两构件角速度之比、构件角速度、构件上某点速度。

两个构件传动比的方向和大小如表 3-1 所示。

表 3-1　两构件传动比的方向和大小

两构件传动比（角速度比）		
大小		两构件角速度之比，与其绝对瞬心至相对瞬心的距离成反比
方向	相同	相对瞬心在绝对瞬心延长线上
	相反	相对瞬心在绝对瞬心连线上

通过以上的分析可知，瞬心法的优缺点为

（1）适合于求简单机构的速度，机构复杂时因瞬心数急剧增加而使求解过程复杂；

（2）有时瞬心点落在纸面外，造成求解困难；

（3）不能用于机构加速度分析。

3.3　相对运动图解法在机构运动分析中的应用

3.3.1　相对运动图解法的基本原理

相对运动图解法是根据"点的绝对运动是牵连运动与相对运动的合成"这一基本原理，在运动分析时列出机构中运动参数待求点与运动参数已知点之间的运动分析矢量方程式；选择适当的作图比例尺，根据所列的矢量方程式做矢量多边形；借助矢量多边形封闭这一特点，从封闭矢量多边形中求出运动参数的大小或方向的一种图解方法。它的优点是概念清楚，且在一般工程中有实用价值。

在用相对运动图解法进行机构速度分析时，常会遇到两类问题。一是已知构件上某一点的速度和加速度，求该构件上另一点的速度和加速度；二是已知构件上已知点的速度和加速度，求另一个构件上与已知点重合的点速度和加速度（本章只讨论速度关系）。

1. 同一构件上两点之间的速度的关系

如图 3-9 所示，一个做一般平面运动的构件，它的运动可以看作随其上一点 A（基点）的牵连运动和绕基点 A 的相对转动的合成。

构件上任一点 B 的速度 v_B 为

$$v_B \quad = \quad v_A \quad + \quad v_{BA}$$

大小：　$?$　　　$\sqrt{}$　　　ωl_{AB}

方向：　$?$　　　$\sqrt{}$　　　$\perp AB$

式中：v_A 为 A 点的绝对速度，大小和方向已知；v_{BA} 为 B 点相对于 A 点的相对速度，大小为 $v_{BA} = \omega l_{AB}$，方向垂直于 AB，并由 ω 的方向判断。

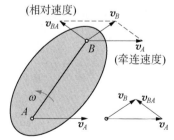

图 3-9　同一构件上两点之间速度关系

2. 不同构件上重合点处速度的关系

如图 3-10 所示,构件 1 与机架组成转动副,构件 2 与构件 1 构成移动副,2 个构件在重合点 B 处的运动关系可以用转动的牵连运动和移动的相对运动来描述。

重合点 B 处的速度关系如图 3-10 所示,用速度矢量可描述为

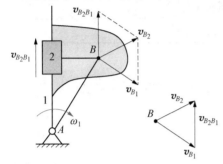

$$v_{B_2} = v_{B_1} + v_{B_1B_2}$$

大小: ?　　　$\omega_1 l_{AB}$　　　?

方向:　　　　$\perp AB$　　　// 导路

式中: v_{B_2} 为构件 2 上 B 点的绝对速度,一般方向暂不确定; v_{B_1} 为构件 1 上 B 点的绝对速度,大小为 $v_{B_1} = \omega_1 l_{AB}$,方向垂直于 AB,并由 ω_1 的方向判断; $v_{B_1B_2}$ 为构件 2 上 B 点相对于构件 1 上 B 点的相对速度,方向平行于导路。

图 3-10　不同构件上重合点处速度关系

3. 相对运动图解法做平面机构运动分析的基本步骤

(1) 引入长度比例尺 μ_l,画出机构运动简图

$$\mu_l = \frac{\text{实际长度}(\text{m})}{\text{图中长度}(\text{mm})}$$

(2) 根据已知条件列出速度矢量方程,分析方程中各项大小、方向的已知、未知情况;

(3) 引入速度比例尺 μ_v,把速度矢量转化为长度向量,绘制速度多边形求解,

$$\mu_v = \frac{\text{实际速度}(\text{m/s})}{\text{图中长度}(\text{mm})}$$

(4) 进行矢量加、减法的图解运算,求出待求的速度。

3.3.2　相对运动图解法在平面机构的运动分析

1. 同一构件上两点之间的速度的关系

例 3-5　在图 3-11 所示的铰链四杆机构中,已知机构的位置、各构件的长度,且曲柄 AB 以等角速度 ω_1 做逆时针方向转动,求构件 2 和构件 3 的角速度 ω_2、ω_3,构件 2 上 E 点的速度 v_E。

解　机构中 B 点的速度大小: $v_B = v_{B_1} = v_{B_2} = \omega_1 l_{AB}$

C 点与 B 点为同一构件 2 上的不同点,由此可得

$$v_C = v_B + v_{CB} \quad (3-2)$$

大小:　?　　　ωl_{AB}　　　?

方向:　$\perp DC$　　$\perp AB$　　$\perp BC$

图 3-11　铰链四杆机构

该速度矢量中有两个方向的未知数,因此是可解的。选择速度比例尺 μ_v,把速度矢量转化为长度向量,绘制速度矢量图求解,如图 3-12(b)所示。

在速度矢量图中,p 称为速度极点,代表所有构件上绝对速度为零的点,即绝对瞬心点。连接速度矢量图极点到任一点的矢量,代表机构中同名点的绝对速度,方向由 p 指向该点。连接速度矢量图上任意两点的矢量,代表机构图中构件上同名两点间的相对速度,其方向与相对速度下标相反。例如,bc 代表 v_{CB} 而不是 v_{BC}。

绘制速度矢量图,则式(3-2)可表示为

$$pc = pb + bc$$

(1)速度矢量图中任取一点 p(称为速度极点),过 p 做矢量线段 pb,矢量 $p \to b$ 代表速度 v_B,长度按比例计算,即 $pb = \dfrac{v_B}{\mu_v}$;

(2)过 b 点做垂直于 BC 的直线 bc,代表 v_{CB} 的方向线;过 p 点做垂直于 CD 的直线 pc,代表 v_C 的方向线。两方向线交点即 c,做 $p \to c$,箭头方向是 C 点的速度方向,量取 pc 的长度,则 $v_C = \mu_v pc$,$v_{CB} = \mu_v bc$。 根据上述矢量方程知 v_C 是合矢量,由此确定了两个未知矢量 v_C 和 v_{CB} 的大小和方向。

则

$$\omega_2 = \frac{v_{CB}}{l_{BC}} = \frac{\mu_v bc}{l_{BC}}$$

由 bc 的方向,判断 ω_2 的方向为顺时针方向,如图 3-12(a)所示。

同理,可得

$$\omega_3 = \frac{v_C}{l_{CD}} = \frac{\mu_v pc}{l_{CD}}$$

由 pc 的方向,判断 ω_3 的方向为逆时针方向,如图 3-12(a)所示。

(3)求 E 点的速度 v_E,列速度矢量方程:

	v_E	$=$	v_B	$+$	v_{EB}	$=$	v_C	$+$	v_{EC}
大小:	?		$\omega_1 l_{AB}$		?		$\mu_v \overline{pc}$		?
方向:	?		$\perp AB$		$\perp BE$		$\perp DC$		$\perp EC$
矢量:	pe		pb		be		pc		ce

在速度矢量图中,过 b 点做垂直于 BE 的直线 be,代表 v_{EB} 的方向线;再过 c 点做垂直于 EC 的直线 ce,代表 v_{EC} 的方向线,两方向线的交点即 e,做 $p \to e$,pe 的方向就是 E 点的速度方向,量取 pe 的长度,则 $v_E = \mu_v pe$,如图 3-12(a)所示。

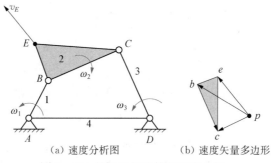

(a)速度分析图　　(b)速度矢量多边形

图 3-12 铰链四杆机构的速度分析

从矢量图中可以看出:同一构件上3点相对速度矢量组成了矢量三角形,相似于机构图中该3点连线组成的三角形,且字母绕向一致,即△bce相似于△BCE,称△bce为△BCE的速度影像。

如果知道同一构件上两点的速度后,求解第三点的速度,可利用在速度多边形上作出对应构件的相似三角形的方法进行,这种方法称为影像法。

影像法为运动分析提供了一个简便的方法,即当已知一个构件上两点的速度,须求该构件上第三点的速度时,可以不必再根据运动向量方程作图来求解,而可以直接利用影像与该构件上对应位置构成的图形相似的方法来求解,可以大大地节约作图求解的时间。但是应注意的是速度影像只能应用于求同一构件上的点。

2. 不同构件上重合点处速度的关系

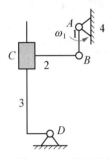

图 3 - 13 导杆机构

例 3 - 6 在图 3-13 所示的导杆机构中,已知机构的位置、各构件的长度,且曲柄 AB 以等角速度 ω_1 做逆时针方向转动,求构件2和构件3的角速度 ω_2、ω_3。

解 构件1上 B 点的速度大小为

$$v_{B_1} = v_{B_2} = \omega_1 l_{AB}$$

扩大构件3,使其包含 B 点,如图 3-14(a)所示,B 点为构件1、构件2和构件3的重合点,即 B_1、B_2 和 B_3 三点。

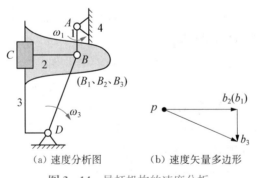

(a) 速度分析图   (b) 速度矢量多边形

图 3 - 14 导杆机构的速度分析

构件2和构件3在 B 点重合的速度矢量方程为

$$\boldsymbol{v}_{B_3} = \boldsymbol{v}_{B_2} + \boldsymbol{v}_{B_2 B_3}$$

大小: ? $\omega_1 l_{AB}$?

方向: ⊥ BD ⊥ AB // 导路

矢量: $\boldsymbol{pb}_3$ $\boldsymbol{pb}_2$ $\boldsymbol{b}_2 \boldsymbol{b}_3$

该矢量方程中有2个大小的未知数,因此是可解的。选择速度比例尺 μ_v,把速度矢量转化为长度向量,绘制速度矢量图求解,如图 3-14(b)所示。

速度矢量图中任取一点 p（称为速度极点），过 p 做矢量线段 $\boldsymbol{pb_2}$，方向垂直于 AB，矢量 $p\rightarrow b_2$ 代表速度 $\boldsymbol{v}_{B_2}$，长度按比例计算，即 $\boldsymbol{pb_2}=\dfrac{\boldsymbol{v}_{B_2}}{\mu_v}$。

过 b_2 点作平行于导路的直线 b_2b_3，代表 $\boldsymbol{v}_{B_2B_3}$ 的方向线；过 p 点作垂直于 BD 的直线 pb_3，代表 $\boldsymbol{v}_{B_3}$ 的方向线。两方向线交点即 b_3，由此得到 $\boldsymbol{pb_3}$ 和 $\boldsymbol{b_2b_3}$，则

$$\omega_3=\frac{\boldsymbol{v}_{B_3}}{l_{BD}}=\frac{\mu_v\boldsymbol{pb_3}}{l_{BD}}$$

由 $\boldsymbol{pb_3}$ 的方向，判断 ω_3 的方向为顺时针方向，如图 3-14(a) 所示。

因为构件 2 和构件 3 构成移动副，所以 $\omega_2=\omega_3$。

相对运动图解法基本上能够满足一般工程实际的需要，并且可以应用于比较复杂的机构，但是对于准确度要求很高的机构，则宜采用解析法。用解析法进行机构的运动分析，首先要建立机构未知运动参数与机构已知运动参数及尺寸参数之间的函数关系式，一般先建立机构的位置方程，然后将位置方程式对时间求导，即可得机构的速度方程。解析法的计算请参看相关书籍。

3-1　标出下列机构中的所有瞬心。

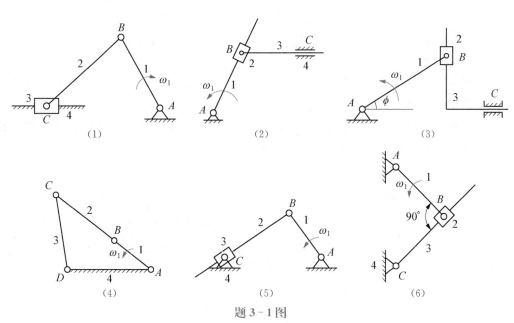

题 3-1 图

3-2 试求图示各机构在图示位置时全部瞬心的位置,并给出连杆上 E 点上速度方向位置。

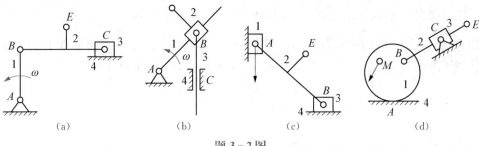

(a)　　　　　(b)　　　　　(c)　　　　　(d)

题 3-2 图

3-3 求图示机构的全部瞬心和构件 1、3 的角速度比。

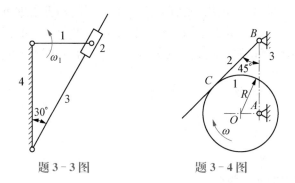

题 3-3 图　　　　　题 3-4 图

3-4 如题 3-4 图所示,偏心圆凸轮机构中,$AB = L$,凸轮半径为 R,$OA = h$,$\angle OAB = 90°$,凸轮以角速度 ω 转动,试求推杆 2 的角速度 ω_2?(提示:使用三心定理,正确标注瞬心位置)

3-5 如题 3-5 图所示,滑块导轨机构中,$\omega = 10\,\mathrm{rad/s}$,$\theta = 30°$,$AB = 200\,\mathrm{mm}$,试用瞬心法求构件 3 的速度 v_3?(提示:使用瞬心法,正确标注瞬心位置)

3-6 已知构件 1 的角速度 $\omega_1 = 10\,\mathrm{rad/s}$,用速度瞬心法求题 3-6 图机构构件 2 上 E 点的速度。解题过程中尺寸从图上直接量取。

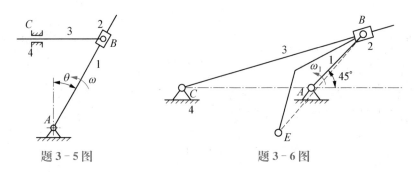

题 3-5 图　　　　　题 3-6 图

3－7　已知构件 1 的角速度 $\omega_1=10\,\mathrm{rad/s}$，用速度瞬心法求题 3－7 图机构中构件 2 上 E 点的速度（$\mu=0.002\,\mathrm{m/mm}$）。

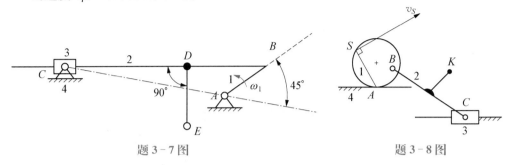

题 3－7 图　　　　　　　　　　题 3－8 图

3－8　题 3－8 图机构中尺寸已知（$\mu_l=0.05\,\mathrm{m/mm}$），机构 1 沿构件 4 做纯滚动，其中 S 点的速度为 v_S（$\mu_v=0.6\,(\mathrm{m/s})/\mathrm{mm}$），现要求：

(1) 做出所有瞬心；(2) 用速度瞬心法求出 K 点的速度 v_K。

3－9　在图示导杆机构中，已知 AB 杆长，AC 杆长，BD 长度以及 ω_1。试用瞬心法求：

(1) 图示位置时 $\theta=45^\circ$，该机构的全部瞬心的位置；

(2) 当 $\theta=45^\circ$ 时，D 点的速度 V_D；

(3) 构件 2 上 BD 延长线上最小速度的位置及大小。

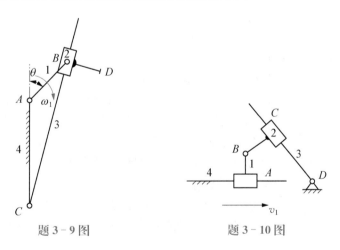

题 3－9 图　　　　　　　　　　题 3－10 图

3－10　在图示机构运动简图中，设已知各构件的尺寸及原动件 1 的速度 v_1，现要求：

(1) 确定图示位置时该机构全部瞬心的位置；

(2) 用瞬心法求构件 2 及构件 3 的瞬时角速度 ω_2、ω_3（列出计算式，不求具体值）；

(3) 求构件 2 上瞬时速度为零的点的位置（在图上标出）。

第4章

——【 机械原理 】——

连 杆 机 构

4.1　平面连杆机构的类型

在平面连杆机构中,结构最简单且应用最广泛的是由 4 个构件组成的平面四杆机构,其他多杆机构均可以看作在此基础上依次增加杆组而组成的。本节介绍平面四杆机构的基本形式及其演化。

4.1.1　平面四杆机构的基本型式

所有运动副均为转动副的四杆机构称为铰链四杆机构,如图 4-1 所示,它是平面四杆

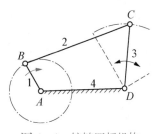

图 4-1　铰链四杆机构

机构的基本形式。在此机构中,构件 4 为机架,直接与机架相连的构件 1、3 称为连架杆,不直接与机架相连的构件 2 称为连杆。能做整周回转的连架杆称为曲柄,如构件 1;仅能在某一角度范围内往复摆动的连架杆称为摇杆,如构件 3。如果以转动副相连的两构件能做整周相对转动,则称此转动副为整转副,如转动副 A、B;不能做整周相对转动的机构称为摆转副,如转动副 C、D。在铰链四杆机构中,按连架杆能否做整周转动可将它分为 3 种基本形式,即曲柄摇杆机构、双曲柄机构和双摇杆机构。

1. 曲柄摇杆机构

在铰链四杆机构中,若两连架杆中有一个为曲柄,另一个为摇杆,则称为曲柄摇杆机构。图 4-2 所示的缝纫机踏板机构,图 4-3 所示的搅拌器机构,图 4-4 所示的间歇上料机构均为曲柄摇杆机构的应用实例。

在图 4-4 中,当曲柄轮 1 通过连杆 2 带动摇杆 3 驱动上料体 8 向右运动时,由于滚柱 5 在弹簧 7 的作用下有向左运动的趋势,于是便被楔紧在斜面 A 与带材 9 之间,使带材 9 也随上料体 8 一起右移,完成上料动作。当上料体 8 向左运动时,因滚柱 5 与斜面 A 脱离了接触,不再夹紧带材 9,故不能带动带材 9,于是上料体 8 完成了空程复位。

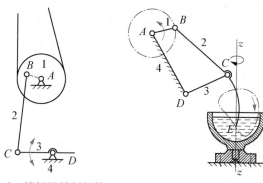

图4-2 缝纫机踏板机构　　图4-3 搅拌器机构

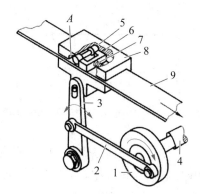

图4-4 间歇上料机构

1—曲柄轮；2—连杆；3—摇杆；4—机架；5—滚柱；6—滚柱压块；7—弹簧；8—上料体；9—带材

在上述3个应用实例中，运动分别从曲柄摇杆机构的曲柄、连杆和摇杆上输出，实现了具体工作要求。

2. 双曲柄机构

在图4-5所示的铰链四杆机构中，两连架杆均为曲柄，称为双曲柄机构。这种机构的传动特点是当主动曲柄连续等速转动时，从动曲柄一般做不等速转动。图4-6所示为惯性筛机构，它利用双曲柄机构 ABCD 中的从动曲柄3的变速回转，使筛子6具有所需的加速度，从而达到筛分物料的目的。

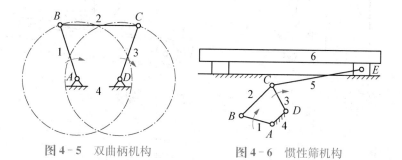

图4-5 双曲柄机构　　图4-6 惯性筛机构

如图4-7所示，平行四边形机构是一种特殊的双曲柄机构，在运动过程中，当连架杆、连杆及机架共线时，会有一个位置不确定问题，如图4-8中的位置 C_2、C_2' 所示。为解决此问题，可以在从动曲柄 CD 上加装一个惯性较大的轮子，利用惯性维持从动曲柄转向不变。也可以通过加虚约束使机构保持平行四边形，如图4-9所示的机车车轮联动的平行四边形机构，从而避免机构运动的位置不确定问题。

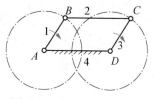

图4-7 平行四边形机构

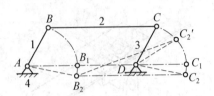

图 4-8　平行四边形机构中的位置不确定问题

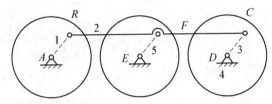

图 4-9　机车车轮联动的平行四边形机构

图 4-10 和图 4-11 为平行四边形机构的应用实例,分别实现工件的夹紧和工件位置的调整。在图 4-10 中,当气缸 1 驱动活塞杆往复运动时,摇杆 2、4 往复摆动,压板 3 将实现平面平动,夹紧和松开工件。

在图 4-11 中,当气缸 1 驱动活塞杆做往复运动时,两根隔料杆 2 交替上下运动,使排列在传送带 5 上的工件逐个进入隔料杆 2 之间,工件与工件被相互隔离。两曲柄长度相同,而连杆与机架不平行的铰链四杆机构,称为反平行四边形机构,如图 4-12 所示。这种机构主、从动曲柄转向相反。图 4-13 所示的汽车车门开闭机构为其应用实例。

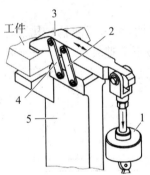

图 4-10　工件夹紧机构

1—气缸;2—摇杆;3—压板;
4—摇杆;5—机架

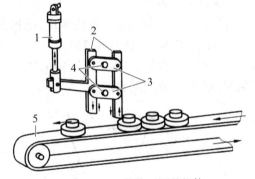

图 4-11　工件位置调整机构

1—气缸;2—隔料杆;3—摇杆;4—支承轴;5—传送带

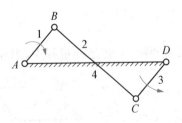

图 4-12　反平行四边形机构

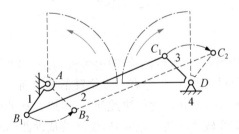

图 4-13　汽车车门开闭机构

3. 双摇杆机构

在铰链四杆机构中,若两连架杆均为摇杆,则称为双摇杆机构。图 4-14 所示的鹤式起

重机中的四杆机构 *ABCD* 为双摇杆机构,当主动摇杆 *AB* 摆动时,从动摇杆 *CD* 也随之摆动,位于连杆 *BC* 延长线上的重物悬挂点 *E* 将沿近似水平直线移动。

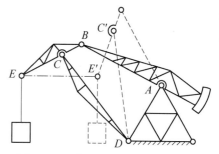

图 4-14 鹤式起重机的双摇杆机构

4.1.2 平面四杆机构的演化

除了上述 3 种铰链四杆机构外,在工程实际中还广泛应用着其他类型的平面四杆机构。这些平面四杆机构都可以看作由铰链四杆机构通过下述不同方法演化而来的,掌握这些演化方法,有利于对平面连杆机构进行创新设计。

1. 转动副转化成移动副

在图 4-15 所示的曲柄摇杆机构中,当曲柄1转动时,摇杆3上 *C* 点的轨迹是圆弧 $\overset{\frown}{mn}$,且摇杆长度越长,$\overset{\frown}{mn}$ 越平直。当摇杆无限长时,$\overset{\frown}{mn}$ 将成为一条直线,这时可以把摇杆做成滑块,转动副 *D* 将演化成移动副,这种机构称为曲柄滑块机构,如图 4-16 所示。滑块移动导路到曲柄回转中心 *A* 之间的距离 *e* 称为偏距。如果 *e* 不为0,则称为偏置曲柄滑块机构,如图 4-16(a)所示;如果 *e* 等于0,则称为对心曲柄滑块机构,如图 4-16(b)所示。内燃机、往复式抽水机、空气压缩机、公共汽车车门(见图 4-17)及冲床等的主机构都是曲柄滑块机构。

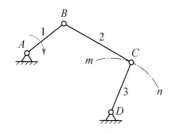

图 4-15 曲柄摇杆机构

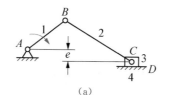

(a)

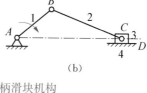

(b)

图 4-16 曲柄滑块机构

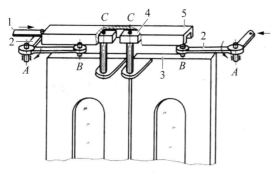

图 4-17 公共汽车车门机构

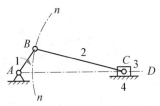

图 4-18 对心曲柄滑块机构

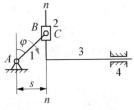

图 4-19 正弦机构

在图 4-18(a)所示的对心曲柄滑块机构中,连杆 2 上的 B 点相对于转动副 C 的运动轨迹为圆弧 $\overset{\frown}{nn}$,设想连杆 2 的长度变为无限长,圆弧 $\overset{\frown}{nn}$ 将变成直线,如再把连杆 2 做成滑块,转动副 C 将演化成移动副,则该曲柄滑块机构就演化成具有两个移动副的四杆机构,如图 4-19 所示,这种机构多用于仪表、解算装置中,由于从动件位移 s 和曲柄转角 φ 的关系为 $S = l_{AB}\sin\varphi$,故将该机构称为正弦机构。

2. 选取不同构件为机架

以低副相连的两构件之间的相对运动关系,不会因取其中哪一个构件为机架而改变,这一性质称为低副运动可逆性。根据这一性质,在表 4-1 所示的曲柄摇杆机构中,若改取构件 1 为机架,则得双曲柄机构;若改取构件 3 为机架,则得双摇杆机构;若改取构件 2 为机架,则得另一个曲柄摇杆机构,习惯上称后 3 种机构为第一种机构的倒置机构。

表 4-1 四杆机构的几种形式

铰链四杆机构	含有一个移动副的四杆机构	含有两个移动副的四杆机构	机架
曲柄摇杆机构	曲柄滑块机构	正弦机构	4
双曲柄机构	转动导杆机构	双转块机构	1
曲柄摇杆机构	摆动导杆机构 / 曲柄摇块机构	正弦机构	2

铰链四杆机构	含有一个移动副的四杆机构	含有两个移动副的四杆机构	机架
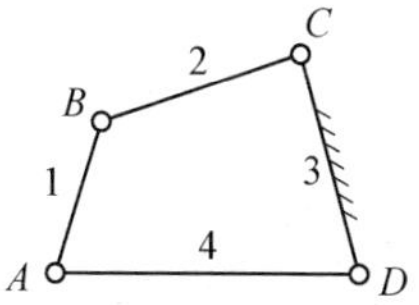 双摇杆机构	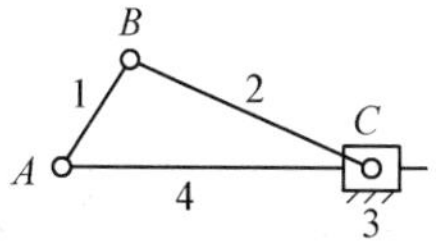 移动导杆机构	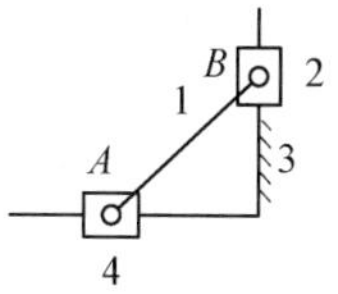 双滑块机构	3

同理,根据低副运动可逆性,当在曲柄滑块机构中固定不同构件为机架时,便可以得到具有 1 个移动副的几种四杆机构。当导杆与块状构件组成移动副时,若导杆为机架,则称其为固定导路;若导杆做整周转动,称其为转动导杆(特点为机架长度小于曲柄长度);若导杆做非整周转动,称其为摆动导杆(特点为机架长度大于曲柄长度);若块状构件作机架,则称导杆为移动导杆。

对于具有两个移动副的四杆机构,当取不同构件为机架时,便可得到 4 种不同形式的四杆机构。

带有一个或两个移动副的机构,变换机架时的应用实例可参看表 4-2 和表 4-3。

表 4-2　曲柄滑块机构演化机构及应用实例

作为机架的构架	机构简图	应用实例
4	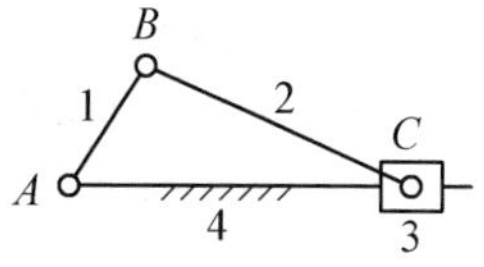 曲柄滑块机构	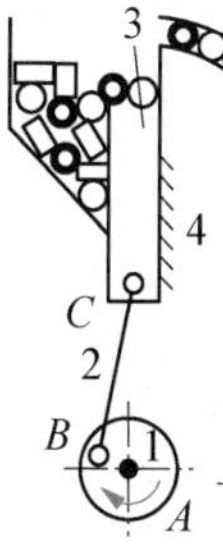 上料机构
1	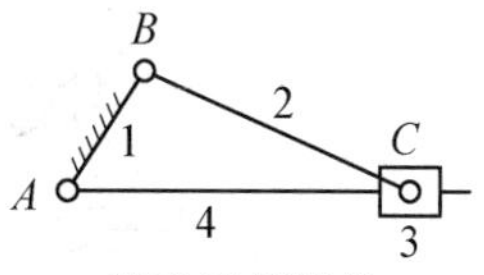 转动导杆机构	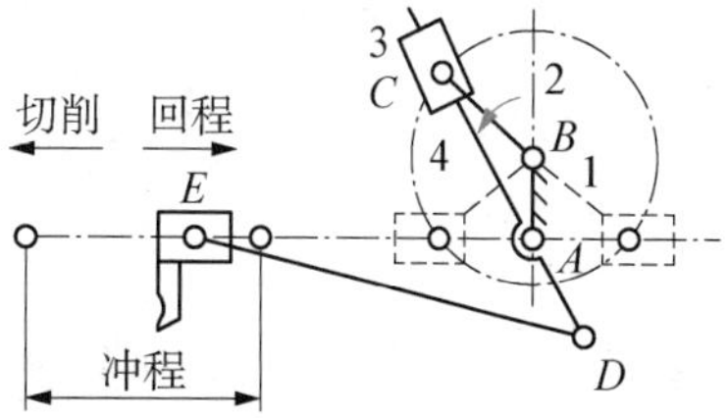 小型刨床
2	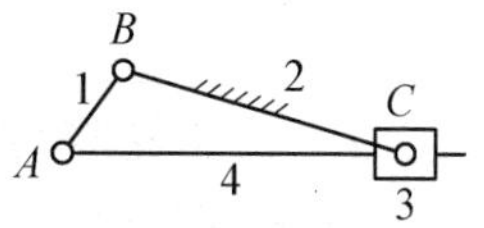 曲柄摇块机构	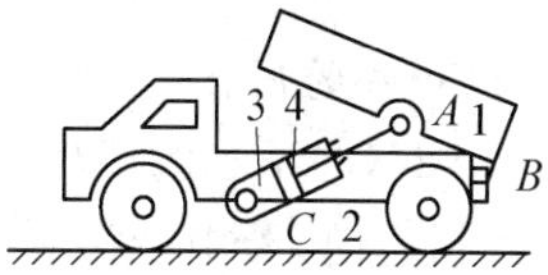 自卸汽车卸料机

续表

作为机架的构架	机构简图	应用实例
3	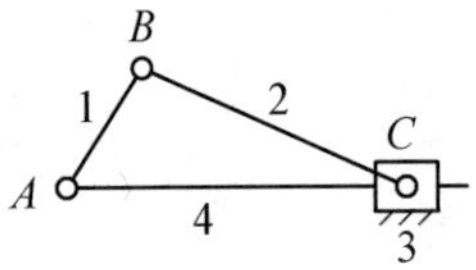 移动导杆机构	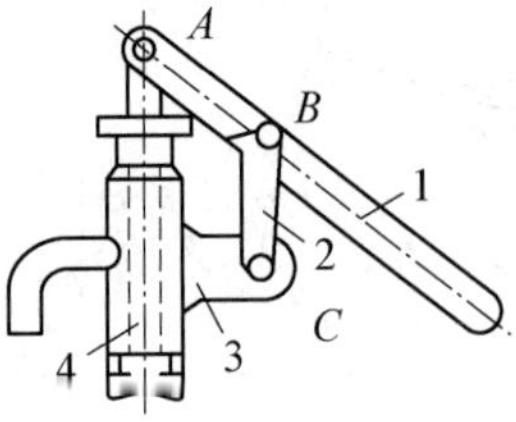 手压抽水机

表 4 - 3　正弦机构演化机构及应用实例

作为机架的构架	机构简图	应用实例
4	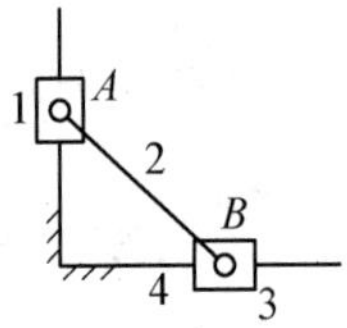 双滑块机构	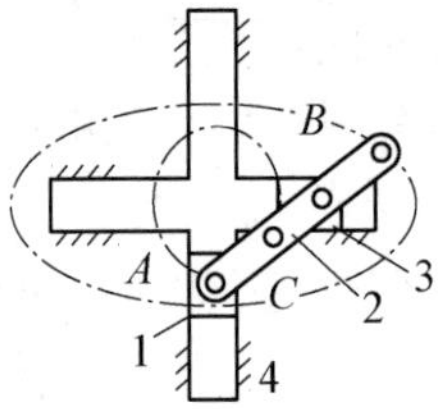 椭圆仪
1 或 3	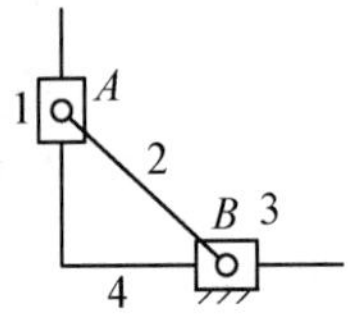 正弦机构	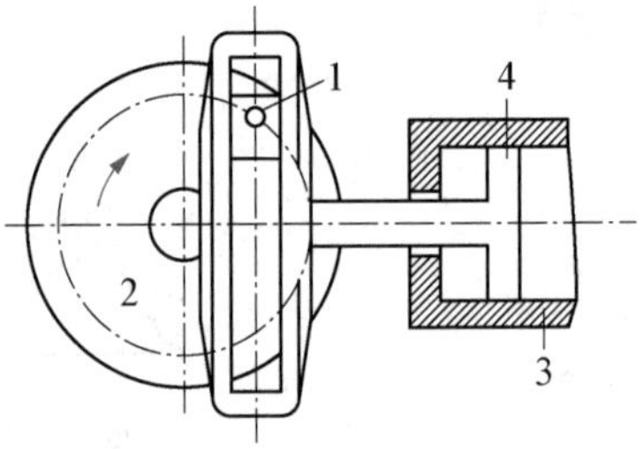 压缩机
2	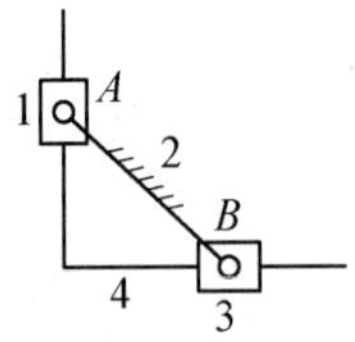 双转块机构	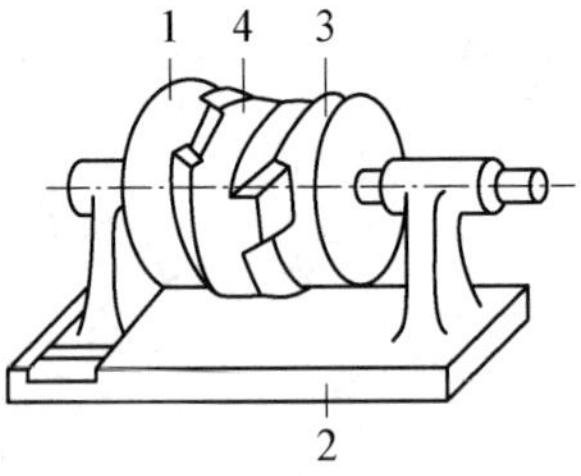 十字滑块连轴节

3. 变换构件的形态

在图 4 - 20(a) 所示的机构中,滑块 3 绕 C 点做定轴往复摆动,此机构称为曲柄摇块机构。在设计机构时,若由于实际需要,可将此机构中的杆状构件 2 做成块状,而将块状构件 3 做成杆状构件,如图 4 - 20(b) 所示,此时构件 3 为摆动导杆,故称此机构为摆动导杆机构。

这两种机构在本质上完全相同。

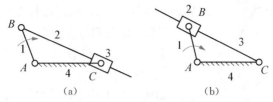

图 4－20　曲柄摇块机构及摆动导杆机构

4. 扩大转动副的尺寸

在图 4－21(a)所示的曲柄摇杆机构中,如果将曲柄 1 端部的转动副 B 的半径加大至超过曲柄 1 的长度 L_{AB} ,便得到如图 4－21(b)所示的机构。此时,曲柄 1 变成了一个几何中心为 B、回转中心为 A 的偏心圆盘,其偏心距 e 为原曲柄长。该机构与原曲柄摇杆机构的运动特性完全相同,其机构运动简图也完全一样。在设计机构时,当曲柄长度很短、曲柄销须承受较大冲击载荷而工作行程很短时,常采用这种偏心轮结构形式,图 4－4 所示的机构就采用了偏心轮结构。此外,在冲床、剪床、柱塞油泵等设备中均可见到这种结构。

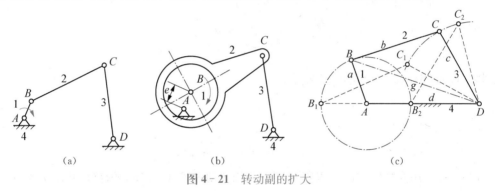

图 4－21　转动副的扩大

4.2　平面连杆机构的工作特性

平面连杆机构具有传递和变换运动,实现力的传递和变换的功能,前者称为平面连杆机构的运动特性,后者称为平面连杆机构的传力特性。了解这些特性,对于正确选择平面连杆机构的类型,进而进行机构设计具有重要指导意义。本节以平面四杆机构为例,介绍平面连杆机构的运动及传力特性。

4.2.1　运动特性

1. 转动副为整转副的条件

机构中具有整转副的构件是关键构件,因为只有这种构件才有可能用电机等连续转动的装置来驱动。若具有整转副的构件是与机架铰接的连架杆,则该构件为曲柄。

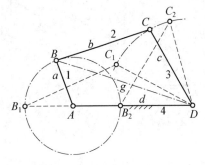

图 4-22 整转副存在条件

以图 4-22 所示的四杆机构为例,说明转动副为整转副的条件。设 $d > a$,在杆 1 绕转动副 A 转动的过程中,铰链点 B 与 D 之间的距离 g 是不断变化的,当 B 点到达 B_1 和 B_2 两位置时,g 值分别达到最大值 $g_{max} = d + a$ 和最小值 $g_{min} = d - a$。

如要求杆 1 能绕转动副 A 相对杆 4 做整周转动,则杆 1 应能通过 AB_1 和 AB_2 这两个关键位置,即可以构成 $\triangle B_1 C_1 D$ 和 $\triangle B_2 C_2 D$,根据三角形构成原理,可以推出以下各式:

由 $\triangle B_1 C_1 D$,可得

$$a + d \leqslant b + c \tag{a}$$

由 $\triangle B_2 C_2 D$,可得

$$\begin{aligned} b - c &\leqslant d - a \\ c - b &\leqslant d - a \end{aligned} \tag{b}$$

$$\left. \begin{aligned} a + b &\leqslant c + d \\ a + c &\leqslant b + d \end{aligned} \right\} \tag{c}$$

将式(a)、(b)、(c)分别两两相加可得

$$\left. \begin{aligned} a &\leqslant c \\ a &\leqslant b \\ a &\leqslant d \end{aligned} \right\} \tag{4-1}$$

如 $d < a$,用同样的方法可以得到杆 1 能绕转动副 A 相对杆 4 做整周转动的条件:

$$d + a \leqslant b + c \tag{d}$$

$$d + b \leqslant a + c \tag{e}$$

$$d + c \leqslant a + b \tag{f}$$

$$\left. \begin{aligned} d &\leqslant a \\ d &\leqslant b \\ d &\leqslant c \end{aligned} \right\} \tag{4-2}$$

式(4-1)和式(4-2)说明,组成整转副 A 的 2 个构件中,必有一个为最短杆;式(a)、(b)、(c)和式(d)、(e)、(f)说明,该最短杆与最长杆的长度之和必小于或等于其余两构件的长度之和。该长度之和关系称为杆长条件。

综合归纳以上两种情况(即 $a < d$ 和 $a > d$),可得出如下重要结论:在铰链四杆机构中,如果某个转动副能成为整转副,则在它所连接的 2 个构件中,必有一个为最短杆,并且 4 个构件的长度关系满足杆长之和条件。

在有整转副存在的铰链四杆机构中,最短杆两端的转动副均为整转副。此时,若取最短杆为机架,则得双曲柄机构;若取最短杆的任一相邻的构件为机架,则得曲柄摇杆机构;若取最短杆对面的构件为机架,则得双摇杆机构。

如果四杆机构不满足杆长之和条件,则不论选取哪个构件为机架,所得机构均为双摇杆机构。需要指出的是,在这种情况下所形成的双摇杆机构不存在整转副。

上述一系列结论称为格拉霍夫定理。

由于含有一个或两个移动副的四杆机构都是由铰链四杆机构演化而来的,故按照同样的思路和方法,可得出相应四杆机构具有整转副的条件。图4-16(a)所示的偏置滑块机构中存在曲柄的条件为

$$L_{BC} > L_{AB} + e$$

2. 急回运动特性

在图4-23所示的曲柄摇杆机构中,曲柄1以等角速度ω_1做逆时针旋转,当主动曲柄1位于AB_1而与连杆2成一直线时,从动摇杆3位于右极限位置C_1D;当转过角φ_1而与连杆2重叠时,曲柄到达位置AB_2,而摇杆3则到达其左极限位置C_2D;当曲柄继续转过角φ_2而回到位置AB_1时,摇杆3则由左极限位置C_2D摆回到右极限位置C_1D,从动件的往复摆角均为ψ。由图可以看出,曲柄相应的两个转角φ_1和φ_2为

$$\varphi_1 = 180° + \theta$$
$$\varphi_2 = 180° - \theta$$

式中:θ为摇杆位于两极限位置时曲柄对应两位置所夹的角,称为极位夹角。

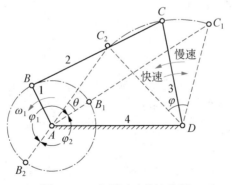

图4-23 急回运动特性分析

由于$\varphi_1 > \varphi_2$,因此曲柄以等角速度ω_1转过这两个角度时,对应的时间$t_1 > t_2$,并且$\varphi_1/\varphi_2 = t_1/t_2$,而摇杆3的平均角速度为

$$\omega_{m1} = \varphi_1/t_1, \quad \omega_{m2} = \varphi_2/t_2$$

显然,$\omega_{m1} < \omega_{m2}$,即从动摇杆往复摆动的平均角速度不等,一慢一快,这样的运动称为急回运动。为了提高机械的工作效率,应在慢速运动的行程工作(正行程),快速运动的行程返回

（反行程）。通常用行程速度变化系数 K 来衡量急回运动的快慢相对程度，即

$$K = \frac{\omega_{m2}}{\omega_{m1}} = \frac{\varphi_1/t_2}{\varphi_2/t_1} = \frac{180° + \theta}{180° - \theta} \qquad (4-3)$$

如已知 K，即可求得极位夹角 θ

$$\theta = 180° \cdot \frac{K-1}{K+1} \qquad (4-4)$$

上述分析表明，当曲柄摇杆机构在运动过程中出现极位夹角 θ 时，则机构具有急回运动特性。而且 θ 角越大，K 值越大，机构的急回运动特性越显著。

图 4-24 分别表示偏置曲柄滑块机构和摆动导杆机构的极位夹角。用式(4-3)同样可以求得相应的行程速度变化系数 K。

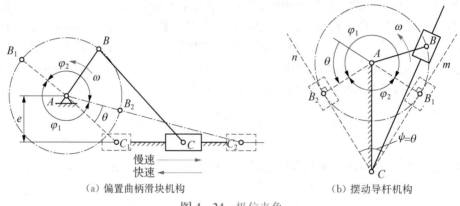

(a) 偏置曲柄滑块机构　　　　　　　(b) 摆动导杆机构

图 4-24　极位夹角

3. 运动的连续性

当主动件连续运动时，从动件也能连续地占据预定的各个位置，则称机构具有运动的连续性。在如图 4-25 所示的曲柄摇杆机构 $ABCD$ 和 $ABC'D$ 中，当主动件曲柄连续地转动时，从动摇杆 CD 将占据在其摆角 φ 内的某一预定位置；而从动摇杆 $C'D$ 将占据在其摆角 φ' 内的某一预定位置。

角度 φ 或 φ' 所决定的从动件运动范围称为运动的可行域(图中阴影区域)。由图可知，从动件摇杆根本不可能进入角度 α 或 α' 所决定的区域，这个区域称为运动的非可行域。

可行域的范围受机构中构件长度的影响。当已知各构件的长度后，可行域可以用作图法求得，如图 4-26 所示。图中 $r_{max} = a + b$，$r_{min} = b - a$，至于摇杆究竟能在哪个可行域内运动，则取决于机构的初始位置。

由于构件间的相对位置关系在机构运动过程中不会再改变，图 4-25 所示曲柄摇杆机构 $ABCD \sim ABC'D$ 中摇杆 CD 或 $C'D$ 只能在其各自的可行域 φ 或 φ' 内运动。

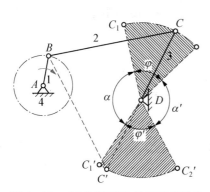

图4-25 曲柄摇杆机构的运动连续性

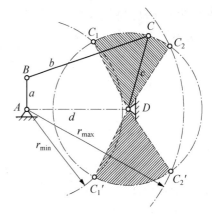

图4-26 用作图法求可行域

综上所述,在铰链四杆机构中,若机构的可行域被非可行域分隔成不连续的几个域,而从动件各给定位置又不在同一个可行域内,则机构的运动必然是不连续的。在设计四杆机构时,必须检查所设计的机构是否满足运动连续性的要求;若不能,则必须考虑选择其他方案。

4.2.2 传力特性

1. 压力角和传动角

在图4-27所示的铰链四杆机构中,如果不计惯性力、重力、摩擦力,则连杆2是二力杆,连杆2作用在从动件3上的驱动力 F 的方向,沿着转动副中心 BC 的连线,驱动力 F 可分解为两个分力:沿着受力点 C 的速度 v_C 方向的分力 F_t 和垂直于 v_C 方向的分力 F_n。设力 F 与着力点的速度 v_C 方向之间所夹的锐角为 α,则

$$F_t = F\cos\alpha$$
$$F_n = F\sin\alpha$$

其中,沿 v_C 方向的分力 F_t 是使从动件转动的有效分力,对从动件3产生有效回转力矩;而 F_n 仅仅在转动副 D 中产生附加径向压力的分力。由上式可知,α 越大,径向压力 F_n 越大,故称角 α 为压力角。压力角的余角称为传动角,用 γ 表示,$\gamma = 90° - \alpha$。显然,γ 角越大,则有效分力 F_t 越大,而径向压力 F_n 越小,对机构的传动越有利。因此,在连杆机构中,常用传动角的大小及其变化情况来衡量机构传力性能的优劣。

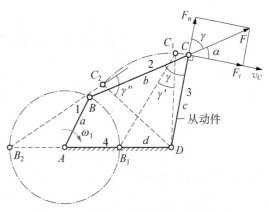

图4-27 铰链四杆机构压力角和传动角

在机构的运动过程中,传动角的大小是变化的。当曲柄 AB 转到与机架 AD 重叠共线和拉直共线两位置 AB_1、AB_2 时,传动角将出现极值 γ' 和 γ''(传动角总取锐角)。这 2 个值的大小为

$$\gamma' = \arccos \frac{b^2 + c^2 - (d-a)^2}{2ab}$$

$$\gamma'' = 180° - \arccos \frac{b^2 + c^2 - (d+a)^2}{2ab}$$

比较在这 2 个位置时的传动角,可求得最小传动角 γ_{min}。为了保证机构具有良好的传力性能,设计时通常应使 $\gamma_{min} \geq 40°$,对于高速和大功率的传动机械,应使 $\gamma_{min} \geq 50°$。

2. 死点位置

在图 4-28 所示的曲柄摇杆机构中,如果摇杆 CD 为主动件,则当机构处于图示的 2 个虚线位置之一时,连杆与曲柄在一条直线上,出现了传动角 $\gamma = 0$ 的情况。这时主动件 CD 通过连杆作用于从动件 AB 上的力恰好通过其回转中心,所以出现构件 AB 无法转动而"顶死"的现象,机构出现传动角 $\gamma = 0$ 的位置称为死点位置,简称死点。

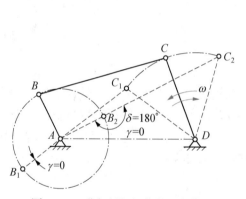

图 4-28 曲柄摇杆机构的死点位置

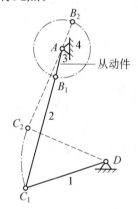

图 4-29 缝纫机踏板机构

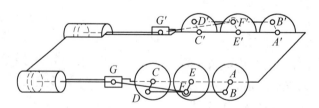

图 4-30 蒸汽机车车轮联动机构

对于传动机构来说,机构有死点是不利的,应该采取措施使机构能顺利通过死点位置。对于连续运转的机器,可以利用从动件的惯性来通过死点位置,例如,图 4-29 所示的缝纫机踏板机构就是借助皮带轮的惯性来通过死点位置的;也可以采用多套机构错位排列的办法,即将两组以上的机构组合起来,而使各组机构的死点位置相互错开,如图 4-30 所示的

蒸汽机车车轮联动机构,就是由两组曲柄滑块机构 EFG 与 $E'F'G'$ 组成的,而两者的曲柄位置相互错开 $90°$。

机构的死点位置并非总是起消极作用的。在工程实际中,不少场合也利用机构的死点位置来实现一定的工作要求。图 4-31 所示为夹紧工件用的连杆式快速夹具,它就是利用死点位置来夹紧工件的,在连杆 2 的手柄处施以压力 F 将工件夹紧后,连杆 BC 与连架杆 CD 成一直线,撤去外力 F 之后,在工件反弹力 T 的作用下,从动件 3 处于死点位置。即使此反弹力很大,也不会使工件松脱。图 4-32 所示为飞机起落架处于放下机轮的位置,此时连杆 BC 与从动件 CD 位于一直线上。因机构处于死点位置,故机轮着地时产生的巨大冲击力不会使从动件反转,从而保持着支撑状态。

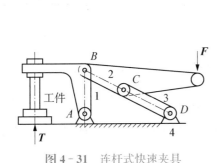

图 4-31　连杆式快速夹具　　　　图 4-32　飞机起落架机构

4.3　平面连杆机构的特点及功能

4.3.1　平面连杆机构的特点

平面连杆机构具有以下传动特点:

(1)连杆机构中构件间与低副相连,低副两元素为面接触,在承受同样载荷的条件下压强较低,因而可用来传递较大的动力。又由于低副元素的几何形状比较简单(如平面、圆柱面),故零件容易加工。

(2)构件运动形式具有多样性。连杆机构中既有绕定轴转动的曲柄、绕定轴往复摆动的摇杆,又有做平面一般运动的连杆、做往复直线移动的滑块等,利用连杆机构可以获得各种形式的运动,这在工程实际中具有重要价值。

(3)在主动件运动规律不变的情况下,只要改变连杆机构各构件的相对尺寸,就可以使从动件实现不同的运动规律和运动要求。

(4)连杆曲线具有多样性。连杆机构中的连杆可以看作在所有方向上无限扩展的一个平面,该平面称为连杆平面。在机构的运动过程中,固接在连杆平面上的各点将描绘出各种

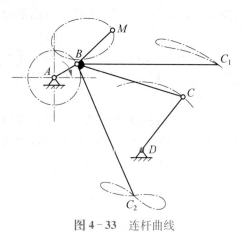

图 4-33 连杆曲线

不同形状的曲线,这些曲线称为连杆曲线,如图 4-33 所示。连杆上点的位置不同,曲线形状不同;改变各构件的相对尺寸,曲线形状也随之改变。这些千变万化、丰富多彩的曲线可用来满足不同轨迹的设计要求,在机械工程中得到广泛应用。

(5)在连杆机构的运动过程中,一些构件(如连杆)的质心在做变速运动,由此产生的惯性力不好平衡,因而会增加机构的动载荷,使机构产生强迫振动。所以连杆机构一般不适于用在高速场合。

(6)连杆机构中运动的传递要经过中间构件,而各构件的尺寸有公差,再加上运动副间的装配间隙,故运动传递的累积误差比较大。

4.3.2 平面连杆机构的功能

平面连杆机构因其构件运动形式和连杆曲线的多样性被广泛地应用于工程实际中,其功能主要有以下几个方面。

1. 实现有轨迹、位置或运动规律要求的运动

图 4-34 所示的四杆机构为圆轨迹复制机构,利用该机构能实现预定的圆形轨迹。

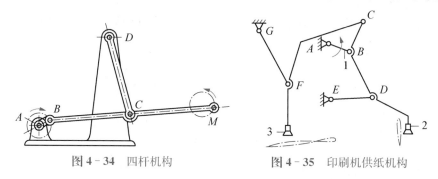

图 4-34 四杆机构   图 4-35 印刷机供纸机构

图 4-35 所示为对开胶辊印刷机中的供纸机构。它利用连杆 2 和连杆 3 运动曲线的配合,实现了提纸和递纸动作:当固结在连杆 2 上的提纸吸头到达最低点时,吸头吸住一张纸并将其提起;当固结在连杆 3 上的递纸吸头到达最左侧时,吸头吸住纸并向右运动,将这张纸输送一段距离而进入印刷机的送纸辊中。

在图 4-36 所示的契贝谢夫六杆机构中,当各杆尺寸满足一定条件时,铰链四杆机构 ABCD 中连杆 2 上 M 点的轨迹为自交对称曲线,其交点与固定

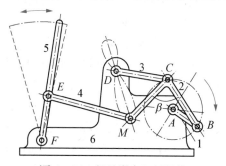

图 4-36 契贝谢夫六杆机构

铰接点 D 重合。原动件曲柄1回转一周,从动件摇杆5往复摆动两次。

2. 实现从动件运动形式及运动特性的改变

图4-37所示为单侧停歇曲线槽导杆机构,它与一般常见的摆动导杆机构的不同之处在于从动导杆上有一个含有圆弧曲线的导槽。当原动件曲柄1连续转动至左侧时,将带动滚子2进入曲线槽的圆弧部分,此时从动导杆3将处于停歇状态,从而实现从动件的间歇摆动。

图4-38所示为步进式工件传送机构。当曲柄 AB 带动摆杆 CD 向左运动时,将带动工作台升高并托住工件一起运动;当摆杆急速向右摆动时,工作台将下降且快速返回。利用该机构不仅实现了步进传送,且具有急回功能。

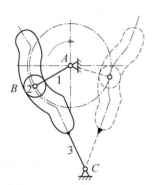

图4-37 停歇曲线槽导杆机构

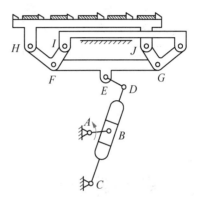

图4-38 步进式工件传送机构

3. 实现较远距离的传动

由于连杆机构中构件的基本形状是杆状构件,因此可以传递较远距离的运动。例如,自行车的手闸通过装在车把上的闸杆,利用一套连杆机构,可以把刹车动作传递到车轮的刹车块上;在锻压机械中,操作者可以在地面上,通过连杆机构把控制动作传递到机床上方的离合器,以控制机床的暂停或换向。

4. 调节、扩大从动件行程

图4-39所示为可变行程滑块机构,通过调节导槽6与水平线的倾角 α,可方便地改变滑块5的行程。

图4-40所示为汽车用空气泵的机构简图,其特点是曲柄 CD 较短而活塞的行程较长。该行程的大小由曲柄的长度及 BC 与 CE 的比值决定。

图4-41所示为伸缩机构,可用于平台升降以及输出行程较长的场合,其特点是收缩时体积小,伸展时行程长。图4-42为上述伸缩机构在升降台上的应用。

5. 获得较大的机械增益

机构输出力矩(或力)与输入力矩(或力)的比值称为机械增益。利用连杆机构,可以获得较大的机械增益,从而达到增力的目的。

图4-43所示为偏心轮式肘节机构。在图示工作位置,DCE 的构型如同人的肘关节,该机构出此而得名。由于机构在该位置具有较大的传动角,故可获得较大的机械增益,产生

增力效果。该机构常用于压碎机、冲床等机械。

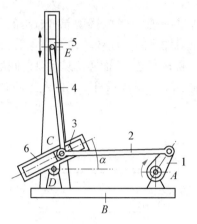

图 4-39 可变行程滑块机构

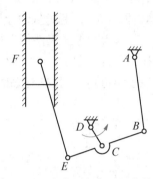

图 4-40 汽车用空气泵机构简图

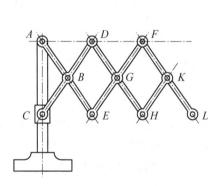

图 4-41 伸缩机构

图 4-42 升降台

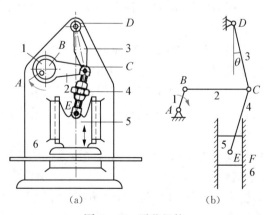

(a)　　　　　(b)

图 4-43 肘节机构

4.4 平面连杆机构的设计

4.4.1 平面连杆机构设计的基本问题

如前所述,平面连杆机构在工程实际中应用广泛。根据工作对机构所要实现的运动的要求,这些范围广泛的应用问题,通常可归纳为三大类设计问题。

1. 实现刚体给定位置的设计

在这类设计问题中,要求所设计的机构能引导一个刚体顺序通过一系列给定的位置。该刚体一般是机构的连杆。例如,图 4-44 所示的铸造造型机砂箱翻转机构,砂箱固结在连杆 BC 上,要求所设计的机构中的连杆能依次通过位置 I、II,以便引导砂箱实现造型振实和拔模两个动作。

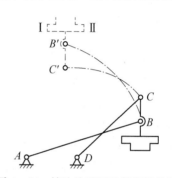

图 4-44 铸造造型机砂箱翻转机构

这类设计问题通常称为刚体导引机构的设计。

2. 实现预定运动规律的设计

在这类设计问题中,要求所设计机构的主、从动连架杆之间的运动关系能满足某种给定的函数关系。例如,图 4-13 所示的汽车车门开闭机构,工作要求两连架杆的转角满足大小相等而转向相反的运动关系,以实现车门的开启和关闭。再比如,在工程实际的许多应用中,要求在主动连架杆匀速运动的情况下,从动连架杆的运动具有急回特性,以提高劳动生产率。

这类设计问题通常称为函数生成机构的设计。

3. 实现预定轨迹的设计

在这类设计问题中,要求所设计的机构连杆上一点的轨迹与给定的曲线一致,或者能依次通过给定曲线上的若干有序列的点。例如,图 4-14 所示的鹤式起重机,工作要求连杆上吊钩滑轮中心 E 点的轨迹为一直线,以避免被吊运的物体上下起伏。图 4-34 所示的圆轨迹复制机构,希望在连杆上输出与 A 点相同的圆轨迹。

这类设计问题通常称为轨迹生成机构的设计。

平面连杆机构的设计方法大致可分为图解法、解析法和实验法 3 类。其中图解法直观性强、简单易行。对于某些设计问题往往比解析法方便有效,它是连杆机构设计的一种基本方法。但设计精度低,不同的设计要求,图解的方法各异。对于较复杂的设计要求,图解法很难解决。解析法精度较高,但计算量大,目前计算机及数值计算方法的迅速发展,解析法已得到广泛应用。实验法通常用于设计运动要求比较复杂的连杆机构,或者用于对机构进行初步设计。设计时选用哪种方法,应视具体情况而定。

4.4.2 刚体导引机构的设计

如图 4-45 所示,设工作要求某刚体在运动过程中能依次占据Ⅰ、Ⅱ、Ⅲ 3 个给定位置,试设计一铰链四杆机构,引导该刚体实现这一运动要求。

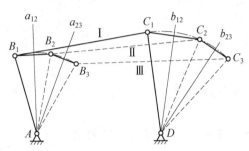

图 4-45 刚体导引机构的设计

由于在铰链四杆机构中,两连架杆均做定轴转动或摆动,只有连杆做一般平面运动,故能够实现上述运动要求的刚体必是机构中的连杆。设计问题为实现连杆给定位置的设计。

首先根据刚体的具体结构,选择活动铰链点 B、C 的位置。一旦确定了 B、C 的位置,对应于刚体 3 个位置时活动铰链的位置 B_1C_1、B_2C_2、B_3C_3 也就确定了。设计的主要任务是确定固定铰链点 A、D 的位置,如图 4-45 所示。

因为连杆上活动铰链 B、C 分别绕固定铰链 A、D 转动,所以连杆在 3 个给定位置上的 B_1、B_2 和 B_3 点,应位于以 A 为圆心,以连架杆 AB 为半径的圆周上;同理,C_1、C_2 和 C_3 三点应位于以 D 为圆心,以连架杆 DC 为半径的圆周上。因此,连接 B_1、B_2 和 B_3、B_2,再分别做这两条线段的中垂线 a_{12} 和 a_{23},其交点即固定铰链中心 A,同理,可得另一固定铰链中心 D,则 AB_1C_1D 即所求四杆机构在第一个位置时的机构运动简图。

在选定了连杆上活动铰链点位置的情况下,由于 3 点确定一个圆,故给定连杆 3 个位置时,其解是确定的。改变活动铰链点 B、C 的位置,其解也随之改变。从这个意义上讲,实现连杆 3 个位置的设计,其解有无穷多个。如果给定连杆两个位置,则固定铰链点 A、D 的位置可在各自的中垂线上任取,其解有无穷多个。设计时,可添加其他附加条件(如机构尺寸、传动角大小、有无曲柄等),从中选择合适的机构。如果给定连杆 4 个位置,因任一点的 4 个位置并不总是在同一圆周上,因而活动铰链 B、C 的位置就不能任意选定。但总可以在连杆上找到一些点,它的 4 个位置是在同一圆周上的,故满足连杆 4 个位置的设计也是可以解决的,不过求解时要用到所谓的圆点曲线和中心点曲线理论。关于这方面的问题,必要时可参阅有关文献,这里不再做进一步介绍。

综上所述,刚体导引机构的设计,就其本身的设计方法而言,一般并不困难,关键在于如何判定一个工程实际中的具体设计问题属于刚体导引机构的设计。

4.4.3 函数生成机构的设计

设计一个四杆机构作为函数生成机构,这类设计命题即通常所说的按两连架杆预定的对应角位置设计四杆机构。如图 4-46 所示,设已知四杆机构中两固定铰链 A 和 D 的位置,连架杆 AB 的长度,要求两连架杆的转角能实现 3 组对应关系。设计此四杆机构的关键是求出连杆 BC 上活动铰链点 C 的位置,一旦确定了 C 点的位置,连杆 BC 和另一连架杆 DC 的长度也就确定了。

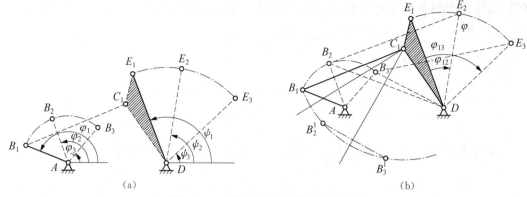

图 4-46 函数生成机构设计的图解法

为此，首先分析机构的运动情况。设已有四杆机构 $ABCD$，当主动连架杆 AB 运动时，连杆上铰链 B 相对于另一连架杆 CD 的运动是绕铰链点 C 的转动。因此，以 C 为圆心，以连架杆 BC 为半径的圆弧即连杆上已知铰链点 B 相对于铰链点 C 的运动轨迹。如果能找到铰链 B 的这种轨迹，则铰链 C 的位置就不难确定了。

找铰链 B 的这种相对运动轨迹的方法如下：如图 4-46(a) 所示，当主动连架杆分别位于 AB_1、AB_2、AB_3 的位置时，从动连架杆则分别位于 DE_1、DE_2、DE_3 的位置。根据低副运动的可逆性，如果改取从动连架杆 DE 为机架，则机构中各构件间的相对运动关系并没有改变。

但此时，原来的机架 AD 和连杆 BC 却成为连架杆，而原来的原动连架杆 AB 则成为连杆了，铰链 B 即连架杆 BC 上的一点。这样，问题的实质就转化成已知连杆位置的设计了。因此，连接 DB_2E_2 和 DB_3E_3 成三角形（见图 4-46(b)）并将其视为刚体，令上述两三角形绕铰链 D 分别反转 φ_{12} 和 φ_{13}，即可得到铰链 B 的 2 个转位点 B_2^1 和 B_3^1。如前所述，$B_1B_2^1B_3^1$ 应位于同一圆弧上，其圆心为铰链点 C。具体做法为：连接 $B_1B_2^1$ 及 $B_2^1B_3^1$ 分别做这两线段的中垂线，其交点 C_1 即所求，图中的 AB_1C_1D 即所求四杆机构在第一个位置时的机构简图。

从以上分析可知，若给定两连架杆转角的 3 组对应关系，则有确定解。需要说明的是，在工程实际的设计问题中，主动连架杆上活动铰链点 B 的位置是由设计者根据具体情况自行选取的。改变 B 点的位置，其解也随之改变。从这个意义上讲，实现两连架杆对应 3 组角位置的设计问题，也有无穷多个解。若给定两连架杆转角的两组对应关系，则其解有无穷多个。设计时可根据具体情况添加其他附加条件，从中选择合适的机构。

上述设计问题用解析法设计时，其过程如下：如图 4-47 所示，已知铰链四杆机构中两连架杆 AB 和 CD 的 3 组对应转角，即 φ_1 和 ψ_1，φ_2 和 ψ_2，φ_3 和 ψ_3，设计此四杆机构。

首先，建立坐标系，使 x 轴与机架重合，各构件以矢量表示，其转角从 x 轴正向沿逆时针方向

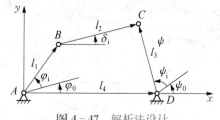

图 4-47 解析法设计

度量。根据各构件所构成的矢量封闭形,可写出下列矢量方程式:

$$l_1 + l_2 = l_4 + l_3$$

将上式向坐标轴投影,可得

$$l_1\cos(\varphi_i + \varphi_0) + l_2\cos\delta_i = l_4 + l_3\cos(\psi_i + \psi_0)$$
$$l_1\sin(\varphi_i + \varphi_0) + l_2\sin\delta_i = l_2\sin(\psi_i + \psi_0)$$

如取各构件长度的相对值,即 $\dfrac{l_1}{l_1} = 1$, $\dfrac{l_2}{l_1} = m$, $\dfrac{l_3}{l_1} = n$, $\dfrac{l_4}{l_1} = p$,并移项,得

$$m\cos\delta_i = p + n\cos(\psi_i + \psi_0) - \cos(\varphi_i + \varphi_0)$$
$$m\sin\delta_i = n\sin(\psi_i + \psi_0) - \sin(\varphi_i + \varphi_0)$$

将以上两式等号两边平方后相加,整理后得

$$\cos(\varphi_i + \varphi_0) = n\cos(\psi_i + \psi_0) - \frac{n}{p}\cos[(\psi_i + \psi_0) - (\varphi_i + \varphi_0)] + \frac{n^2 + p^2 + 1 - m^2}{2p}$$

为简化上式,再令

$$C_0 = n$$
$$C_1 = -n/p$$
$$C_2 = (n^2 + p^2 + 1 - m^2)/2p$$

则得

$$\cos(\varphi_i + \varphi_0) = C_0\cos(\psi_i + \psi_0) + C_1\cos[(\psi_i + \psi_0) - (\varphi_i + \varphi_0)] + C_2 \qquad (4-5)$$

上式含有 C_0, C_1, C_2, ψ_0, φ_0 5个待定参数,由此可知,两连架杆转角对应关系最多只能给出5组,才有确定解。如给定两连架杆的初始角 ψ_0、φ_0,则只须给定3组对应关系即可求出 C_0, C_1, C_2,进而求出 m, n, p,最后可根据实际需要决定构件 AB 的长度,这样其余构件长度也就确定了。相反,如果给定的两连架杆对应位置组数过多,或者是一个连续函数 $\psi = \psi(\varphi)$(即从动件的转角 ψ 和主动件的转角 φ 连续对应)。则因 ψ 和 φ 的每一组相应值即可构成一个方程式,因此方程式的数目将比机构待定尺度参数的数目多,而使问题成为不可解。在这种情况下,设计要求仅能近似地得到满足。

如果给定的设计要求用铰链四杆机构两连架杆的转角关系 $\psi = \psi(\varphi)$ 在 $x_0 < x < x_m$ 区间内来模拟给定函数 $y = P(x)$,则这时按给定函数要求设计四杆机构的首要问题是先要按一定比例关系把给定函数 $y = P(x)$ 转换成两连架杆对应的角位移方程 $\psi = \psi(\varphi)$。

如图 4-48 所示,当四杆机构的两连架杆 1 和

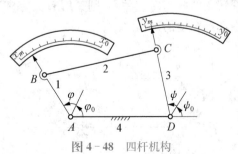

图 4-48 四杆机构

3的位置连续对应时,即得位置函数 $\psi=\psi(\varphi)$。如果输入角 ψ 与给定函数 $y=P(x)$ 的自变量成比例,输出角 φ 与函数值 y 成比例,则由转角 ψ 和 φ 的对应关系便可模拟出给定的函数关系 $y=P(x)$。现分别以 $x=x_0$ 和 $y=P(x_0)=y_0$ 作为机构两连架杆输入角和输出角角位移计算的起始点,此时 $\psi=\psi_0$,$\varphi=\varphi_0$;当 $x=x_m$,$y=P(x_m)=y_m$ 时,与之相应的两连架杆的转角为 ψ_m 和 φ_m,并选 u_φ 为自变量 $(x-x_0)$ 与输入角 φ 的比例系数,u_ψ 为函数值 $(y-y_0)$ 与输出角 φ 的比例系数,则得

$$\varphi_m=\frac{x_m-x_0}{\mu_\varphi} \quad \psi_m=\frac{y_m-y_0}{\mu_\psi} \tag{4-6}$$

故得

$$\left.\begin{array}{l}\mu_\varphi=\dfrac{x-x_0}{\varphi}=\dfrac{x_m-x_0}{\varphi_m}\\[2mm]\mu_\psi=\dfrac{y-y_0}{\psi}=\dfrac{y_m-y_0}{\psi_m}\end{array}\right\}$$

由于给定函数 $y=p(x)$ 及自变量工的变化区间 (x_0,x_m) 已知,所以只要选定系 u_φ、u_ψ,就能求得两连架杆的转角 ψ_m 及 φ_m;反之,若选定转角 ψ_m 和 φ_m,则由上式可确定比例系数 u_φ,u_ψ,在实际应用中,通常根据经验事先选定转角 ψ_m 和 φ_m。

若将由式(4-6)求出的 x 和 y 值代入给定函数 $y=P(x)$,即可求得模拟给定函数关系的两连架杆对应的角位移方程式为

$$\psi=\frac{1}{\mu_\psi}[P(x_0+\mu_\varphi\varphi)-y_0]$$

即

$$\psi=\psi(\varphi)$$

上式是以两连架杆对应转角关系表示的给定函数,即设计的预期函数。设计的任务是选定机构的诸尺度参数,使所设计的机构实际所能实现的函数 $y=F(x)$ 与此式相符。但是,如前所述,连杆机构的待定尺度参数是有限的,所以一般只能近似地实现预期函数。

例如,如图 4-49 所示,设要求用铰链四杆机构两连架杆的转角对应关系近似地实现预期函数:$y=\lg x(1\leqslant x\leqslant2)$。选定机架长度 $d=100\,\mathrm{mm}$,两连架杆的起始角分别为 $\varphi_0=86°$,$\psi_0=23.5°$,转角范围分别为 $\varphi_m=60°$,$\psi_m=90°$。

设计这样的函数生成机构,一般采用插值结点法,在有限的选定位置上精确地实现对应的函数关系,而在给定的整个范围内只能近似地实现此关系。

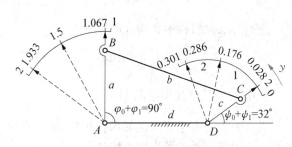

图 4-49 铰链四杆机构两连架杆

为了提高在整个给定范围内实现给定函数的精确度,根据函数逼近理论,插值结点的位置可按下列公式选取:

$$x_i = \frac{1}{2}(x_m + x_0) - \frac{1}{2}(x_m - x_0)\cos\frac{2i-1}{2N}\pi$$

式中:x_0,x_m 分别表示 x 的上、下界;$i = 1, 2, \cdots, N$;N 为插值结点。本例中 $x_0 = 1$,$x_m = 2$,对应的 $y_0 = 0$,$y_m = 0.301$,若取 $N = 3$,则插值结点的坐标分别为

$$x_1 = 1.067 \qquad y_1 = 0.0282$$
$$x_2 = 1.5 \qquad y_2 = 0.1761$$
$$x_3 = 1.933 \qquad y_3 = 0.2862$$

由于自变量的变化范围为 $x_0 \leqslant x \leqslant x_m$,函数的变化范围为 $y_0 \leqslant y \leqslant y_m$,对应的转角范围为 $\varphi_0 \leqslant \varphi \leqslant \varphi_m$,$\psi_0 \leqslant \psi \leqslant \psi_m$,则其比例系数为

$$\mu_\varphi = \frac{x_m - x_0}{\varphi_m} = \frac{1}{60}$$

$$\mu_\psi = \frac{y_m - y_0}{\psi_m} = \frac{0.301}{90}$$

利用比例系数 μ_φ 和 μ_ψ,由式(4-6)可求得

$$\varphi_1 = 4.02° \qquad \psi_1 = 8.432°$$
$$\varphi_2 = 30° \qquad \psi_2 = 52.65°$$
$$\varphi_3 = 55.98° \qquad \psi_3 = 85.58°$$

将各结点的坐标值,即3组对应角位移(φ_i,ψ_i)以及初始角 φ_0,ψ_0 代入式(4-5),可得如下方程组:

$$\left.\begin{array}{l}
\cos90.02° = C_0\cos31.93° + C_1\cos58.09° + C_2 \\
\cos116° = C_0\cos76.15° + C_1\cos39.85° + C_2 \\
\cos141.98° = C_0\cos109.08° + C_1\cos32.9° + C_2
\end{array}\right\}$$

解上述方程组得

$$C_0 = 0.56357, \quad C_1 = -0.40985, \quad C_2 = -0.26075$$

进而可求得机构中各构件的尺寸:

$$a = 67.396\,\text{mm}, \quad b = 140.672\,\text{mm}, \quad c = 38.317\,\text{mm}$$

4.4.4　急回机构的设计

设计一个具有急回特性的四杆机构,通常所说是指按给定的行程速比系数 K 设计四杆机构。它也是一种函数生成机构的设计。

如图 4-50 所示,已知曲柄摇杆机构中摇杆 CD 长度及其摆角 φ,又知行程速比系数 K,试设计该四杆机构。

首先,根据行程速比系数 K,计算极位夹角 θ,即 $\theta = 180° \times \dfrac{K-1}{K+1}$。

其次,选择比例尺 μ_l,再任选一点 D 作为固定铰链,并以点 D 为顶点做等腰三角形 DC_2C_1,满足两腰之长等于 CD/μ_l 且 $\angle C_1DC_2 = \varphi$,然后过 C_1 点做 $C_1N \perp C_1C_2$,再过 C_2 点做 $\angle C_1C_2M = 90° - \theta$,直线 C_1N 和 C_2M 交点为 P。最后以线段 C_2P 为直径做圆,此圆上任一点与 C_1C_2 连线所夹的

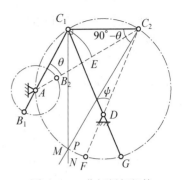

图 4-50 曲柄摇杆机构

圆周角均为 θ,则曲柄转动中心 A 可在 C_1C_2 对应的优弧上任取,需要说明的是,如果 A 点在劣弧 FG 上选取,所得机构的传动性能极差,故一般传动四杆机构不在劣弧 FG 上选取 A 点。由图 4-50 可知,当曲柄转动中心 A 点确定后,曲柄与连杆重叠共线和拉直共线的 2 个位置 AC_1 和 AC_2,设定曲柄实际长为 a,连杆实际长为 b,则有如下关系式:

$$L_{AC_1} \cdot \mu_l = b - a; \quad L_{AC_2} \cdot \mu_l = b + a$$

由以上两式可解得曲柄、连杆的长度:

$$a = \frac{L_{AC_2} \cdot \mu_l - L_{AC_1} \cdot \mu_l}{2}$$

$$b = \frac{L_{AC_2} \cdot \mu_l + L_{AC_1} \cdot \mu_l}{2}$$

由于曲柄转动中心 A 的位置有无穷多,故满足设计要求的曲柄摇杆机构有无穷多个。如未给出其他附加条件,设计时通常以机构在工作行程中具有较大的传动角为出发点来确定曲柄轴心的位置。如果设计要求中给出了其他附加条件,则 A 点的位置应根据附加条件来确定。

如果工作要求所设计的急回机构为曲柄滑块机构,则图 4-51 中的 C_1、C_2 点分别对应于滑块行程的 2 个端点,其设计方法与上述相同,此处不再赘述。如果工作要求所设计的机构为如图 4-52 所示的摆动导杆机构,则利用其极位夹角 d 与导杆摆角相等这一特点,即可方便地得到设计结果。

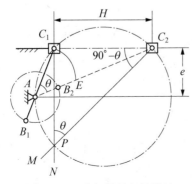

图 4-51 曲柄滑块机构设计

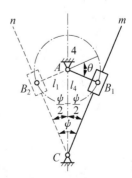

图 4-52 摆动导杆机构设计

已知摆动导杆机构的机架长度 L，要求机构按照给定的行程速比系数 K 往复运动，试设计该机构。

首先，根据行程速比系数 K 计算极位夹角 θ，由于摆动导杆机构的特殊性，其导杆的摆角 ψ 与极位夹角 θ 相等，即

$$\psi = \theta = 180° \times \frac{K-1}{K+1}$$

其次，选择比例尺 μ_l，再任选一点 C 作为固定铰链，做线段 $AC = L/\mu_l$，得到另一固定铰链点 A，以 C 为顶点，做 $\angle ACm = \psi/2$，过 A 点做射线 Cm 的垂线，垂足为 B_1，则曲柄的长度为 $AB_1 \cdot \mu_l$。

4-1 已知构件 1 的长度为 240 mm，构件 2 的长度为 500 mm，构件 3 的长度为 400 mm，构件 4 的长度为 600 mm。试问：

(1) 当取构件 4 为机架时，该机构是否存在曲柄？

(2) 当取构件 3 为机架时，该机构是否存在整转副？

(3) 若构件 1、2、3 的长度不变，构件 4 为机架，如要获得曲柄摇杆机构，请问构件 4 的取值范围。

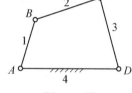

题 4-1 图

4-2 已知构件 AB 的长度 $a = 40$ mm，$e = 10$ mm，试问：

(1) 若该机构为转动导杆机构，请利用曲柄存在条件求出机架 AC 的取值范围；

(2) 若该机构为摆动导杆机构，请问在 $e = 0$ 与 $e > 0$ 两种条件下，作图说明哪种情况更有利于动力的传递？

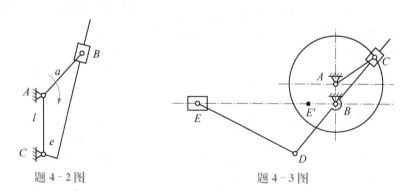

题 4-2 图　　　　　　　　　　　　　题 4-3 图

4-3 在图所示刨床走刀机构中，原动件 AC 作匀速转动，构件 AB 的长度为 100 mm，试求：

(1) 若构件 BC 为曲柄且要求刨刀的行程速比系数 $K=2$,试求构件 AC 的长度;

(2) 在(1)所求数据基础上,若刨刀的最大行程 $H=600$ mm,且滑块的左极限位置处于图中 E' 点,$BE'=170$ mm,试求构件 BD 和 DE 的长度;

(3) 求该机构运动中的最大压力角。

4-4 试用作图法设计一摆动导杆机构,要求机架长度为 100 mm,行程速比系数 $K=1.4$,求曲柄长度 a。比例尺自定。

4-5 试用作图法设计一曲柄滑块机构,要求改机构满足滑块行程 $H=50$ mm,行程速比系数 $K=1.4$,偏距 $e=16$ mm,求其余构件的长度。比例尺自定。

4-6 试用作图法设计一曲柄摇杆机构,要求满足摇杆长度 100 mm,摆角 $\varphi=30°$,行程速比系数 $K=1.5$,机架与摇杆左极限位置成 $50°$ 夹角,曲柄转动中心点位于摇杆左极限位置的右侧,且远离摇杆转动中心,求其余构件长度,比例尺自定。

4-7 如题图所示,若 $l_{AB}=30$ mm,$l_{BC}=60$ mm,$l_{CD}=55$ mm,$l_{AD}=70$ mm,$l_{CE}=100$ mm,且 ADE 三点共线,试问:

(1) 若 AB 为原动件,滑块 E 为从动件,该机构是否具有极位夹角? 为什么?

(2) 若机构具有极位夹角,请自定比例尺绘出极位夹角,并求出该机构的行程速比系数 K。

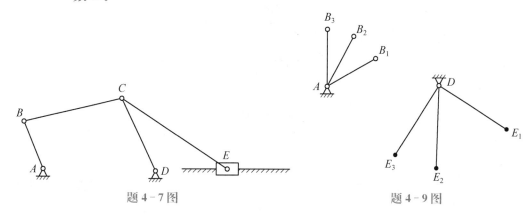

题 4-7 图   题 4-9 图

4-8 若一铰链四杆机构,曲柄 $l_{AB}=30$ mm,连杆 $l_{BC}=60$ mm,摇杆 $l_{CD}=55$ mm,机架 $l_{AD}=70$ mm,请问能否通过作图法求出该机构的最大压力角,若不能,说明理由;若能,试绘制出该铰链四杆机构的最大压力角。

4-9 题图所示是一铰链四杆机构 $ABCD$,已知原动件曲柄 AB 的 3 个位置及从动摇杆上一点 E 的 3 个对应位置,试用作图法求连杆 BC 和摇杆 CD 的长度,尺寸从图上量取。

4-10 已知一曲柄摇杆机构 $ABCD$,曲柄为 AB,机架为 AD,摇杆为 CD,如题 4-10 图所示,摇杆两极限位置分别为 C_1D 和 C_2D,曲柄的固定转动副位于图示虚线上,具体位置不知,试求:

(1) 如果曲柄摇杆机构的行程速度变化系数 $K=1$,求该机构的极位夹角;

(2) 按照 $K=1$，用作图法在图上确定 A 点位置，并求出曲柄 AB 和连杆 BC 的长，所需尺寸可从图中直接测量。

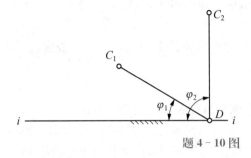

题 4-10 图

4-11 设计一曲柄摇杆机构，当曲柄为原动件时，从动摇杆位于两极限位置时，连杆的两个铰链点连线正好处于题图所示的 $C_1 \mathrm{I}$，$C_2 \mathrm{II}$ 位置，且连杆处于位置 $C_1 \mathrm{I}$ 时机构的压力角为 $40°$，若连杆与摇杆的铰链点位于 C 点（即图中的 C_1 和 C_2 点），试用图解法求曲柄 AB、摇杆 CD 及机架 AD 的长度，$\mu_l=0.001\,\mathrm{m/mm}$。

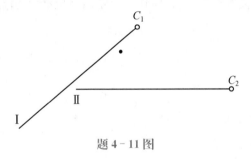

题 4-11 图

第5章

凸 轮 机 构

5.1 凸轮机构概述

凸轮机构是由具有曲线轮廓或凹槽的主动构件,通过高副接触带动从动件实现预期运动规律的一种高副机构,它广泛应用于各种机械,特别是在自动机械、自动控制装置和装配生产线中,是工程实际中用于实现机械化和自动化的一种常用机构。

5.1.1 凸轮机构的组成

凸轮机构是由凸轮、从动件和机架这3个基本构件所组成的一种高副机构。

下面我们将通过两个生产实例来了解凸轮机构的组成。

图5-1所示为内燃机的配气机构。图中具有曲线轮廓的构件1是凸轮,当它做等速转动时,其曲线轮廓通过与气阀2的平底接触,使气阀有规律地开启和闭合。工作对气阀的动作程序、速度和加速度都有严格的要求,这些要求均是通过凸轮1的轮廓曲线来实现的。

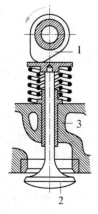

图5-1 内燃机配气机构

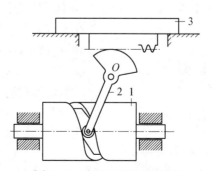

图5-2 自动机床进刀机构

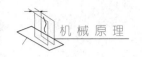

图 5-2 所示为自动机床的进刀机构。图中具有曲线凹槽的构件 1 是凸轮,当它做等速回转时,其上曲线凹槽的侧面推动从动件 2 绕 O 点做往复摆动,通过扇形齿轮 2 和固结在刀架 3 上的齿条,控制刀架做进刀和退刀运动。刀架的运动规律则取决于凸轮 1 上曲线凹槽的形状。

由以上两个例子可以看出:凸轮是一个具有曲线轮廓或凹槽的构件,当它运动时,通过其上的曲线轮廓或凹槽与从动件的高副接触,使从动件获得预期的运动。

5.1.2　凸轮机构的类型

工程实际中所使用的凸轮机构形式多样,常用的分类方法如图 5-3 所示。

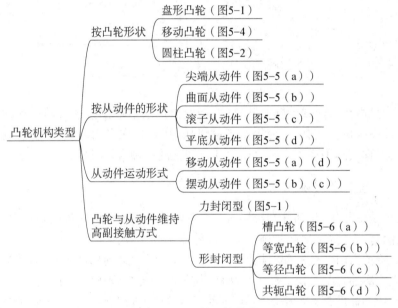

图 5-3　凸轮机构分类

1. 按照凸轮的形状分类

(1) 盘形凸轮

如图 5-1 所示,凸轮呈盘状,并且具有变化的向径。当其绕固定轴转动时,可推动从动件在垂直于凸轮转轴的平面内运动。它是凸轮最基本的形式,结构简单,应用最广。

(2) 移动凸轮

当盘形凸轮的转轴位于无穷远时,就演化成了如图 5-4 所示的凸轮,这种凸轮称为移动凸轮(或楔形凸轮)。凸轮呈板状,它相对于机架做直线移动。

在以上两种凸轮机构中,凸轮与从动件之间的相对运动均为平面运动,故又统称为平面凸轮机构。

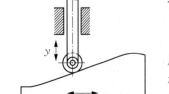

图 5-4　移动凸轮

（3）圆柱凸轮

如图5-2所示,圆柱凸轮是指轮廓曲线做在圆柱体上,可以看作由上述移动凸轮卷成圆柱体演化而成的。在这种凸轮机构中,凸轮与从动件之间的相对运动是空间运动,故其属于空间凸轮机构。

2. 按照从动件的形状分类

（1）尖端从动件

如图5-5(a)所示,从动件的尖端能够与任意复杂的凸轮轮廓保持接触,从而使从动件实现任意的运动规律。这种从动件结构最简单,但尖端处易磨损,故只适用于速度较低和传力不大的场合。

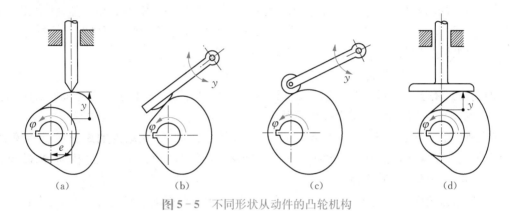

(a)   (b)   (c)   (d)

图5-5 不同形状从动件的凸轮机构

（2）曲面从动件

为了克服尖端从动件的缺点,可以把从动件的端部做成曲面形状,如图5-5(b)所示,称为曲面从动件。这种结构形式的从动件在生产中应用得较多。

（3）滚子从动件

无论是尖端从动件还是曲面从动件,凸轮与从动件之间的摩擦均为滑动摩擦。为了减小摩擦磨损,可以在从动件端部安装一个滚轮,如图5-5(c)所示。从动件与凸轮之间的滑动摩擦就变成了滚动摩擦,因为摩擦磨损较小,可用来传递较大的动力,故这种形式的从动件应用得很广。

（4）平底从动件

如图5-5(d)所示,从动件与凸轮轮廓之间为线接触,接触处易形成油膜,润滑状况好。此外,在不计摩擦时,凸轮对从动件的作用力始终垂直于从动件的平底,故受力平稳,传动效率高,常用于高速场合。其缺点是与之配合的凸轮轮廓必须全部为外凸形状。

3. 按照从动件的运动形式分类

无论凸轮与从动件的形状如何,从动件的运动形式只有2种。

（1）移动从动件

如图5-5(a)和(d)所示,从动件做往复移动。移动从动件分为对心和偏置两种,对心移

动从动件指的是从动件移动导路穿过凸轮转动中心,如图 5-5(d)所示;而偏置移动从动件指的是移动导路与凸轮转动中心之间存在距离 e,如图 5-5(a)所示。

(2) 摆动从动件

如图 5-5(b)和(c)所示,从动件做往复摆动。

4. 按照凸轮与从动件维持高副接触的方法分类

凸轮机构是一种高副机构,高副要求凸轮轮廓与从动件始终保持接触。根据维持高副接触的方法不同,凸轮机构可以分为以下两类。

(1) 力封闭型凸轮机构

所谓力封闭型,是指利用重力、弹簧力或其他外力,使从动件与凸轮轮廓始终保持接触。图 5-1 所示的凸轮机构就是利用弹簧力来维持高副接触的一个实例。很显然,在力封闭的方案中,要求有一个外力作用于运动副,而这个外力只能是推力而不能是拉力,这样才能达到维持高副接触的目的。

(2) 形封闭型凸轮机构

所谓形封闭型,是指利用高副元素本身的几何形状,使从动件与凸轮轮廓始终保持接触。常用的形封闭型凸轮机构有以下几种。

① 槽凸轮机构如图 5-6(a)所示,凸轮轮廓曲线做成凹槽,从动件的滚子置于凹槽中,依靠凹槽两侧的轮廓曲线使从动件与凸轮始终保持接触。这种封闭方式结构简单,缺点是加大了凸轮的外廓尺寸和重量。

② 等宽凸轮机构如图 5-6(b)所示,其从动件做成矩形框架形状,而凸轮廓线上任意两条平行切线间的距离都等于框架内侧的宽度,因此凸轮轮廓曲线与平底可始终保持接触。其缺点是从动件运动规律的选择受到一定限制,当 180°范围内的凸轮廓线根据从动件运动规律确定后,其余 180°范围内的凸轮廓线必须根据等宽的原则来确定。

③ 等径凸轮机构如图 5-6(c)所示,其从动件上装有两个滚子,在运动过程中,凸轮廓线始终同时与两个滚子相接触,且在过凸轮轴心 O 所做的任一径向线上,与凸轮廓线相接触的两滚子中心之间的距离处处相等。其缺点与等宽凸轮机构相同,即当 180°范围内的凸轮廓线根据从动件的运动规律确定后,另外 180°范围内的凸轮廓线必须根据等径的原则来确定,因此从动件运动规律的选择也受到一定限制。

④ 共轭凸轮机构为了克服等宽、等径凸轮的缺点,使从动件的运动规律可以在 360°范围内任意选取,可以用 2 个固结在一起的凸轮控制一个具有两滚子的从动件,如图 5-6(d)所示。一个凸轮(称为主凸轮)推动从动件完成正行程的运动,另一个凸轮(称为回凸轮)推动从动件完成反行程的运动,故这种凸轮机构又称为主回凸轮机构。其缺点是结构较复杂,制造精度要求较高。

很显然,在形封闭的方案中,凸轮实际上有两个工作曲面,即在从动件的每一侧都有一个工作面。当凸轮转动时,分别靠两个工作面推动从动件做两个方向的运动(即正、反行程的运动)。也就是说,凸轮与从动件构成两个平面高副,每一瞬时只有一个高副起约束作用,另一个高副所提供的约束为虚约束。

以上介绍了凸轮机构的几种分类方法。将不同类型的凸轮和从动件组合起来,就可以得到各种不同形式的凸轮机构。在设计时,可根据工作要求和使用场合的不同加以选择。图 5-7 所示就是把输出构件设计成形状复杂的反凸轮机构的例子,图中摆杆 1 为主动件,在其端部装有一个滚子,凸轮 2 为从动件,当摆杆 1 左右摆动时,通过滚子与凸轮凹槽的接触,推动凸轮 2 上下往复移动。

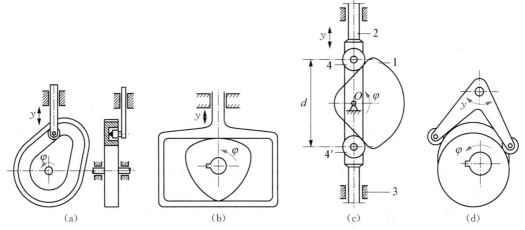

图 5-6　常用的形封闭型凸轮机构

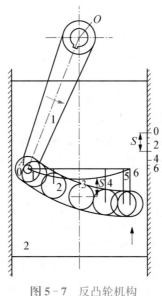

图 5-7　反凸轮机构

5.1.3　凸轮机构的特点

凸轮机构活动构件少,占据的空间小,是一种结构简单、紧凑的机构。

凸轮机构最显著特征是其多用性和灵活性,从动件的运动规律取决于凸轮轮廓曲线的形状。

凸轮机构最大优点:几乎对于任意要求的从动件的运动规律,都可以设计出凸轮廓线来实现。

凸轮机构的缺点:高副接触易磨损,故多用在传力不太大的场合。

5.1.4 凸轮机构的功能

由于凸轮机构具有上述明显的优点,故其在生产实际中得到了非常广泛的应用。概括地讲,其主要有以下几个方面的功能。

1. 实现无特定运动规律要求的工作行程

在一些控制装置中,只需要从动件实现一定的工作行程,而对从动件的运动规律及运动和动力特性并无特殊要求,采用凸轮机构可以很方便地实现从动件的这类工作行程。

图 5-8 所示为某车床床头箱中用于改变主轴转速的变速操纵机构。图中 1 为手柄,2、7 为摆杆,3、6 为拨叉,4、5 分别为三联和双联滑移齿轮,8 为圆柱凸轮,其上有两条曲线凹槽(即凸轮廓线)。在摆杆 2 和 7 的端部各装有一个滚子,分别插在凸轮的两条曲线凹槽内。当转动手柄 1 时,圆柱凸轮 8 转动,带动摆杆 2 和 7 在一定范围内摆动,通过拨叉 3 和 6,分别带动三联齿轮 4 和双联齿轮 5 在花键轴上滑移,使不同的齿轮进入(或脱离)啮合阶段,从而达到改变车床主轴转速的目的。

2. 实现有特定运动规律要求的工作行程

在工程实际中,许多情况下要求从动件实现复杂的运动规律。图 5-2 所示的自动机床上的进刀机构,就是利用凸轮机构实现复杂运动规律的一个实例。通常刀具的进给运动包括以下几个动作:到位行程,即刀具以较快的速度接近工件的过程;工作行程,即刀具等速前进切削工件的过程;返回行程,即刀具完成切削动作后快速退回的过程;停歇行程,即刀具复位后停留一段时间,以便进行更换工件等动作,然后开始下一个运动循环。像这样一个复杂的运动规律就是由如图 5-2 所示的摆动从动件圆柱凸轮机构来实现的。

3. 实现对运动和动力特性有特殊要求的工作行程

图 5-9 所示为船用柴油机的配气机构。当固接在曲轴上的凸轮 1 转动时,推动从动件 2 和 2′ 上下往复移动,通过摆臂 3 使气阀 4 开启或关闭,以控制可燃物质在适当的时间进入气缸或排出废气。由于曲轴的工作转速很高,阀门必须在很短的时间内完成启闭动作,因此要求机构必须具有良好的动力学性能。而凸轮机构只要廓线设计得当,就完全能胜任这一工作。

除上述功能外,凸轮机构经过适当组合,还可实现复杂的运动轨迹。

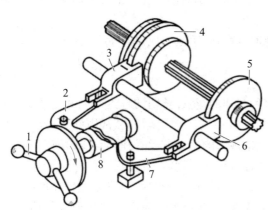
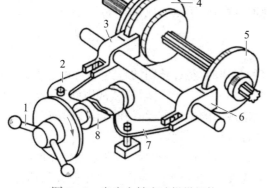

图5-8 车床主轴变速操纵机构

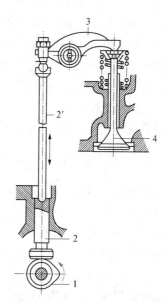

图5-9 船用柴油机的配气机构

5.2 从动件运动规律

图5-10所示为一尖端移动从动件盘形凸轮机构,其中以凸轮轮廓到转动中心 O 的最小向径 r_b 为半径所作的圆称为凸轮的基圆, r_b 称为基圆半径。图5-9(a)所示是对应于凸轮转动1周从动件的位移线图。横坐标代表凸轮的转角 φ ,纵坐标代表从动件的位移 s 如图5-10(a)所示,从动件上升的那段曲线,是远离凸轮轴心的运动,称为推程,从动件上升的最大距离称为升距,用 h 表示;相应的凸轮转角称为推程运动角,用 Φ 表示;从动件处于静止不动的那段时间称为停歇;而从动件朝着凸轮轴心运动的那段行程称为回程,相应的凸轮转角称为回程运动角,用 Φ' 表示。

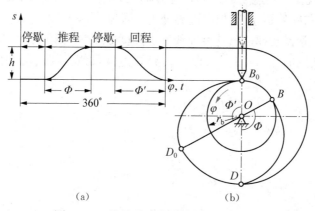

(a)   (b)

图5-10 尖端移动从动件盘型凸轮机构

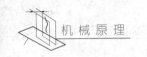

所谓从动件的运动规律,是指从动件的位移 s、速度 v、加速度 a 及加速度的变化率 j 随时间 t 或凸轮转角 φ 变化的规律。它们全面地反映了从动件的运动特性及变化规律。其中加速度变化率 j 称为跃度,它与惯性力的变化率密切相关,因此对从动件的振动和机构工作的平稳性有很大影响。通常把从动件的 s、v、a、j 随时间 t 或凸轮转角 φ 变化的曲线统称为从动件的运动线图。

本节首先介绍几种从动件常用运动规律,然后介绍运动规律的特性指标。

5.2.1 从动件常用运动规律

工程实际中对从动件的运动要求是多种多样的,经过长期的理论研究和生产实践,人们已发现了多种具有不同运动特性的运动规律,其中在工程实际中经常用到的运动规律称为常用运动规律。表 5-1 列出了几种常用运动规律的运动方程式和运动线图。

从表 5-1 所示的运动线图可以看出各种常用运动规律的特点。

(1)等速运动规律 其速度曲线不连续,从动件在运动起始和终止位置速度有突变,此时加速度在理论上由零变为无穷大,从而使从动件突然产生理论上为无穷大的惯性力。虽然实际上由于材料具有弹性,加速度和惯性力都不至于达到无穷大,但仍会使机构产生强烈冲击,这种冲击称为刚性冲击。

(2)等加速等减速运动规律 其速度曲线连续,故不会产生刚性冲击。但其加速度曲线在运动的起始、中间和终止位置不连续,加速度有突变。虽然其加速度的变化为有限值,但加速度的变化率(即跃度 j)在这些位置却为无穷大。这表明惯性力的变化率极大,即加速度所产生的有限惯性力在一瞬间加到从动件上,从而引起冲击,这种冲击称为柔性冲击。

(3)简谐运动规律 其速度曲线连续,故不会产生刚性冲击。但在运动的起始和终止位置,加速度曲线不连续,加速度产生有限突变,因此也会产生柔性冲击。当从动件做无停歇的升—降—升连续往复运动时,加速度曲线变为连续曲线(如表 5-1 中虚线所示),从而可避免柔性冲击。

(4)摆线运动规律 其速度曲线和加速度曲线均连续而无突变,故既无刚性冲击又无柔性冲击。其跃度曲线虽不连续,但在边界处为有限值。

(5)5 次多项式运动规律 其速度曲线和加速度曲线均连续而无突变,故既无刚性冲击又无柔性冲击,其跃度曲线虽不连续,但在边界处为有限值。其运动特性与摆线运动规律类似。

表 5-1 从动件常用运动规律

运动规律	运动方程式		推程运动路线图	说明
	推程（$0 \leqslant \varphi \leqslant \Phi$）	回程（$0 \leqslant \varphi \leqslant \Phi'$）		
等速运动（直线运动）	$s = \dfrac{h}{\Phi}\varphi$ $v = \dfrac{h}{\Phi}\omega$ $a = 0$	$s = h\left(1 - \dfrac{\varphi}{\Phi'}\right)$ $v = -\dfrac{h}{\Phi'}\omega$ $a = 0$		从动件速度为常量，故称为等速度运动规律。由于其位移曲线为一条斜直线，故又称为直线运动规律
等加速等减速运动规律（抛物线运动）	等加速段 $\left(0 \leqslant \varphi \leqslant \dfrac{\Phi}{2}\right)$ $s = \dfrac{2h}{\Phi^2}\varphi^2$ $v = \dfrac{4h\omega}{\Phi^2}\varphi$ $a = \dfrac{4h\omega^2}{\Phi^2}$ $j = 0$ 等加速段 $\left(\dfrac{\Phi}{2} \leqslant \varphi \leqslant \Phi\right)$ $s = h - \dfrac{2h}{\Phi^2}(\Phi - \varphi)^2$ $v = \dfrac{4h\omega}{\Phi^2}(\Phi - \varphi)$ $a = -\dfrac{4h\omega^2}{\Phi^2}$ $j = 0$	等减速段 $\left(0 \leqslant \varphi \leqslant \dfrac{\Phi'}{2}\right)$ $s = h - \dfrac{2h}{\Phi'^2}\varphi^2$ $v = -\dfrac{4h\omega}{\Phi'^2}\varphi$ $a = -\dfrac{4h\omega^2}{\Phi'^2}$ $j = 0$ 等减速段 $\left(\dfrac{\Phi'}{2} \leqslant \varphi \leqslant \Phi'\right)$ $s = h - \dfrac{2h}{\Phi'^2}(\Phi' - \varphi)^2$ $v = \dfrac{4h\omega}{\Phi'^2}(\Phi' - \varphi)$ $a = -\dfrac{4h\omega^2}{\Phi'^2}$ $j = 0$		从动件在推程前半段做等加速运动，后半段做等减速运动（回程反正之），通常加速度和加速度绝对值相等，由于其位移曲线为两段在 O 点光滑相连的反向抛物线，故又称为抛物线运动规律

运动规律	运动方程式		推程运动路线图	说明
	推程($0 \leqslant \varphi \leqslant \Phi$)	回程($0 \leqslant \varphi \leqslant \Phi$)		
简谐运动（余弦加速度运动）	$s = \dfrac{h}{2}\left(1 - \cos\left(\dfrac{\pi}{\Phi}\varphi\right)\right)$ $v = \dfrac{\pi h \omega}{2\Phi}\sin\left(\dfrac{\pi}{\Phi}\varphi\right)$ $a = \dfrac{\pi^2 h \omega^2}{2\Phi^2}\cos\left(\dfrac{\pi}{\Phi}\varphi\right)$ $j = -\dfrac{\pi^3 h \omega^3}{2\Phi^3}\sin\left(\dfrac{\pi}{\Phi}\varphi\right)$	$s = \dfrac{h}{2}\left(1 + \cos\left(\dfrac{\pi}{\Phi'}\varphi\right)\right)$ $v = -\dfrac{\pi h \omega}{2\Phi'}\sin\left(\dfrac{\pi}{\Phi'}\varphi\right)$ $a = -\dfrac{\pi^2 h \omega^2}{2\Phi'^2}\cos\left(\dfrac{\pi}{\Phi'}\varphi\right)$ $j = -\dfrac{\pi^3 h \omega^3}{2\Phi'^3}\sin\left(\dfrac{\pi}{\Phi'}\varphi\right)$		当质点在圆周上做匀速运动时，其在该圆直径上的投影所构成的运动称为简谐运动，当从动件按简谐运动规律运动时，其加速度曲线为余弦曲线，故又称为余弦加速度运动规律
摆线运动规律（正弦加速度运动）	$s = h\left(\dfrac{\varphi}{\Phi} - \dfrac{1}{2\pi}\sin\left(\dfrac{2\pi}{\Phi}\varphi\right)\right)$ $v = \dfrac{h\omega}{\Phi}\left(1 - \cos\left(\dfrac{2\pi}{\Phi}\varphi\right)\right)$ $a = \dfrac{2\pi h \omega^2}{\Phi^2}\sin\left(\dfrac{2\pi}{\Phi}\varphi\right)$ $j = \dfrac{4\pi^2 h \omega^3}{2\Phi^3}\cos\left(\dfrac{2\pi}{\Phi}\varphi\right)$	$s = h\left(1 - \dfrac{\varphi}{\Phi'} + \dfrac{1}{2\pi}\sin\left(\dfrac{2\pi}{\Phi'}\varphi\right)\right)$ $v = -\dfrac{h\omega}{\Phi'}\left(1 - \cos\left(\dfrac{2\pi}{\Phi'}\varphi\right)\right)$ $a = -\dfrac{2\pi h \omega^2}{\Phi'^2}\sin\left(\dfrac{2\pi}{\Phi'}\varphi\right)$ $j = -\dfrac{4\pi^2 h \omega^3}{\Phi'^3}\cos\left(\dfrac{2\pi}{\Phi'}\varphi\right)$		当滚子沿纵坐标做匀速纯滚动时，圆周上一点的轨迹为一摆线，此时该点在纵坐标轴上的投影随纵坐标变化的规律称为摆线运动规律。当从动件按摆线运动规律运动时，其加速度曲线为正弦运动曲线，故又称为正弦运动规律

5.2.2 运动规律的特性指标

1. 冲击特性

运动规律的冲击特性可分为 3 种情况：刚性冲击、柔性冲击、既无刚性冲击亦无柔性冲击。

具有刚性冲击特性的运动规律,其特征是速度函数曲线不连续,因此会使从动件产生理论上为无穷大的加速度和惯性力,从而使机构产生强烈冲击。在工程实际中,一般不允许单独使用这种函数作为从动件的运动规律,它多用于和其他函数组合形成新的运动规律。

具有柔性冲击特性的运动规律,其特征是加速度函数曲线不连续,因此会使从动件产生理论上为无穷大的加速度变化率(即跃度 j),从而使机构产生冲击。在工程实际中,除非在低速或特殊情况下,通常不推荐单独使用这种函数作为从动件的运动规律,它多被用于和其他函数组合形成新的运动规律。

既无刚性冲击亦无柔性冲击的运动规律,其特征是速度和加速度函数曲线均连续而无突变。这类运动规律适用于高速场合。

以上论述表明,对于一个凸轮机构设计师而言,仅仅考虑从动件位移函数的连续性是远远不够的,还必须考虑位移函数的高阶导数的特性。

2. 最大速度

从动件的最大速度直接影响着从动件系统所具有的最大动量。从动件在运动过程中的最大速度 v_{max} 越大,从动件系统的最大动量 mv_{max} 越大。当机构在工作过程中遇到需要紧急制动的情况时,由于从动件系统动量过大,会出现操作失灵,机构损坏等安全事故。因此,为了使机构停动灵活和运行安全,mv_{max} 的值不宜过大,特别是当从动件系统的质量 m 较大时,应选择 v_{max} 较小的运动规律。

3. 最大加速度

从动件的最大加速度直接决定着从动件系统的最大惯性力。从动件在运动过程中的最大加速度 a_{max} 的值越大,从动件系统的最大惯性力 ma_{max} 越大,而惯性力是影响机构动力学性能的主要因素。惯性力越大,作用在凸轮与从动件之间的接触应力越大,对构件的强度和耐磨性要求越高。因此,对于运转速度较高的凸轮机构,应选用最大加速度 a_{max} 值尽可能小的运动规律。

4. 最大跃度

从动件的最大跃度 j_{max} 与惯性力的变化率密切相关。研究表明,在中、高速凸轮机构中,跃度的连续性及其突变值的大小对机构的动力性能有很大的影响,它直接影响从动件系统的振动和工作平稳性。因此,从提高凸轮机构动力学性能的角度出发,建议选择跃度曲线平滑性好、j_{max} 尽可能小的运动规律。

5.3 凸轮轮廓曲线图解法

当根据使用场合和工作要求选定了凸轮机构的类型和从动件的运动规律后,即可根据选定的基圆半径着手凸轮轮廓曲线的设计了。凸轮廓线的设计方法有作图法和解析法,所依据的基本原理是相同的。本节首先介绍凸轮廓线设计的基本原理,然后分别介绍用作图

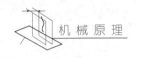

法设计凸轮廓线的方法和步骤。

5.3.1 凸轮廓线设计的基本原理——反转法

凸轮机构工作时,凸轮和从动件都在运动,为了在图纸上绘制出凸轮的轮廓曲线,希望凸轮相对图纸平面保持静止不动,为此可采用反转法。下面以图 5-11 所示的对心尖端移动从动件盘形凸轮机构为例来说明这种方法的原理。

如图 5-11 所示,已知凸轮绕轴 O 以等角速度 ω 逆时针转动,推动从动件在导路中上、下往复移动。当从动件处于最低位置时,凸轮轮廓曲线与从动件在 A 点接触,当凸轮转过 φ_1 角时,凸轮的向径 OA 将转到 OA' 的位置上,而凸轮轮廓将转到图中虚线所示的位置。这时从动件尖端从最低位置 A 上升至 B',上升的距离 $s_1 = AB'$。这是凸轮转动时从动件的真实运动情况。

现在设想凸轮固定不动,而让从动件连同导路一起绕 O 点以角速度 $(-\omega)$ 转过 φ_1 角,此时从动件将一方面随导路一起以角速度 $(-\omega)$ 转动,同时又在导路中做相对移动,运动到图 5-11 中虚线所示的位置。此时从动件向上移动的距离为 A_1B,由图 5-11 可以看出,$A_1B = AB' = s_1$,即在上述两种情况下,从动件移动的距离不变。由于从动件尖端在运动过程中始终与凸轮轮廓曲线保持接触,所以此时从动件尖端所占据的位置 B 一定是凸轮轮廓曲线上的一点。若继续反转从动件,即可得到凸轮轮廓曲线上的其他点。由于这种方法是假定凸轮固定不动而使从动件连同导路一起反转,故称为反转法(或运动倒置法)。凸轮机构的形式多种多样,反转法原理适用于各种凸轮轮廓曲线的设计。

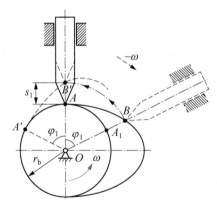

图 5-11 凸轮廓线设计的反转法原理

5.3.2 图解法设计凸轮廓线

1. 移动从动件盘形凸轮廓线的设计

(1) 尖端从动件

图 5-12(a)所示为一偏置移动尖端从动件盘形凸轮机构。设已知凸轮的基圆半径为 r_b,从动件轴线偏于凸轮轴心的左侧,偏距为 e,凸轮以等角速度 ω 做顺时针方向转动,从动

件的位移曲线如图 5 - 12(b)所示,试设计凸轮的轮廓曲线。

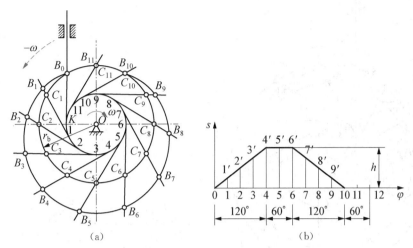

图 5 - 12 偏置移动尖端从动件盘形凸轮机构的设计

依据反转法原理,具体设计步骤如下:

① 选取适当的比例尺,做出从动件的位移线图,如图 5 - 12(b)所示,将位移曲线的横坐标分成若干等份,得分点 1,2,…,12。

② 选取同样的比例尺,以 O 为圆心,r_b 为半径做基圆,并根据从动件的偏置方向画出从动件的起始位置线,该位置线与基圆的交点 B_0,便是从动件尖端的初始位置。

③ 以 O 为圆心、$OK = e$ 为半径做偏距圆,该圆与从动件的起始位置线切于 K 点。

④ 自 K 点开始,沿 $-\omega$ 方向将偏距圆分成与图 5 - 12(b)的横坐标对应的区间和等份,得若干个分点。过各分点做偏距圆的切射线,这些线代表从动件在反转过程中所依次占据的位置线。它们与基圆的交点分别为 C_1,C_2,…,C_{11}。

⑤ 在上述切射线上,从基圆起向外截取线段,使其分别等于图 5 - 12(b)中相应的纵坐标,即 $C_1B_1 = 11'$,$C_2B_2 = 22'$,得点 B_1,B_2,…,B_{11},这些点代表反转过程中从动件尖端依次占据的位置。

⑥ 将点 B_0,B_1,B_2,…连成光滑的曲线(图中 B_4,B_6 间和 B_{10},B_0 间均为以 O 为圆心的圆弧),即得所求的凸轮轮廓曲线。

(2) 滚子从动件

对于图 5 - 13 所示的偏置移动滚子从动件盘形凸轮机构,当用反转法使凸轮固定不动,从动件的滚子在反转过程中,将始终与凸轮轮廓曲线保持接触,而滚子中心将描绘出一条与凸轮廓线法向等距的曲线 η。由于滚子中心 B 是从动件上的一个铰链点,所以它的运动规律就是从动件的运动规律,即曲线 η 可以根据从动件的位移曲线作出。一旦作了这条曲线,就可以顺利地绘制出凸轮的轮廓曲线了。具体作图步骤如下:

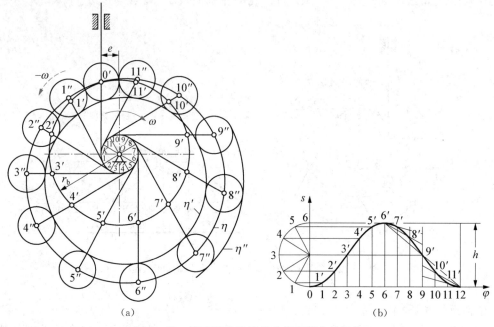

图 5-13 偏置移动滚子从动件盘形凸轮机构

① 将滚子中心 B 假想为尖端从动件的尖端,按照上述尖端从动件凸轮轮廓曲线的设计方法做出曲线 η,这条曲线是反转过程中滚子中心的运动轨迹,我们称之为凸轮的理论廓线。

② 以理论廓线上各点为圆心,以滚子半径 r_r 为半径,做一系列滚子圆,然后做这族滚子圆的内包络线 η',它就是凸轮的实际廓线。很显然,该实际廓线是上述理论廓线的等距曲线(法向等距,其距离为滚子半径)。

若同时做这族滚子圆的内、外包络线 η' 和 η'',则形成图 5-6(a) 所示的槽凸轮的轮廓曲线。

由上述作图过程可知,在滚子从动件盘形凸轮机构的设计中,r_b 指的是理论廓线的基圆半径。需要指出的是,在滚子从动件的情况下,从动件的滚子与凸轮实际廓线的接触点是变化的。

（3）平底从动件

平底从动件盘形凸轮机构凸轮轮廓曲线的设计方法可用图 5-14 来说明。其基本思路与上述滚子从动件盘形凸轮机构相似,不同的是取从动件平底表面上的 B_0 点作为假想从动件的尖端。具体设计步骤如下:

① 取平底与导路中心线的交点作为假想的尖端从动件的尖端,按照尖端从动件盘形凸轮的设计方法,求出该尖端反转后的一系列位置 B_1,B_2,B_3,…

② 过 B_1,B_2,B_3,…各点,画出一系列代表平底的直线,得一直线族。这族直线即代

表反转过程中从动件平底依次占据的位置。

③ 做该直线族的包络线,即可得到凸轮的实际廓线。

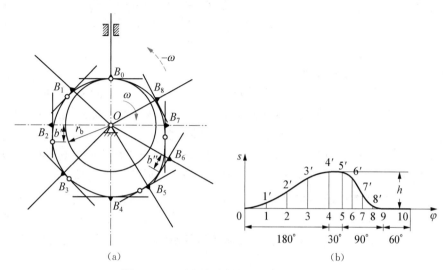

(a)   (b)

图 5-14 平底从动件盘形凸轮机构凸轮

由图 5-14 中可以看出,平底上与凸轮实际廓线相切的点是随机构位置而变化的。因此,为了保证在所有位置从动件平底都能与凸轮轮廓曲线相切,凸轮的所有廓线必须都是外凸的,并且平底左、右两侧的宽度应分别大于导路中心线至左、右最远切点的距离 b' 和 b''。

例 5-1 图 5-15(a)所示为尖底直动从动件盘形凸轮机构,$\overset{\frown}{AFB}$ 和 $\overset{\frown}{CD}$ 为以 O 为圆心的圆弧,AD 和 BC 为直线,已知:$r_0 = 15\,\text{mm}$,偏距为 $8\,\text{mm}$,OA 为 $15\,\text{mm}$,$OC = OD$ 同为 $20\,\text{mm}$,求

(1)从动件的升程,凸轮的推程角;

(2)从动件压力角最大的数值及出现的位置。

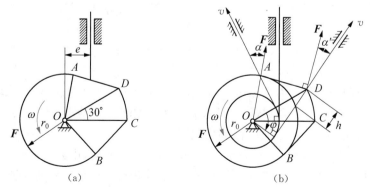

(a)   (b)

图 5-15 尖底直动从动件盘形凸轮机构

解 作偏距圆和基圆如图 5-15(b)所示。从推程起点 A 和推程终点 D 分别做偏距圆的切线，得从动件在这两点的位置；这一过程凸轮转角为 φ；从 D 点沿偏距圆的切线量出到基圆交点的距离 h，即推程位移；因 AD 为直线轮廓，公法线方向（也就是力 $\boldsymbol{F}$ 方向）与之垂直，力方向与速度方向的夹角即压力角。比较推程轮廓两端点的压力角可知最大压力角 α。

2. 摆动从动件盘形凸轮廓线的设计

图 5-16(a)所示为一尖端摆动从动件盘形凸轮机构。已知凸轮轴心与从动件转轴之间的中心距为 a，凸轮基圆半径为 r_b，从动件长度为 l，凸轮以等角速度 ω 做逆时针转动，从动件的运动规律如图 5-16(b)所示。设计该凸轮的轮廓曲线。

反转法原理同样适用于摆动从动件凸轮机构。当给整个机构绕凸轮转动中心 O 加上一个公共的角速度 $(-\omega)$ 时，凸轮将固定不动，从动件的转轴 A 将以角速度 $(-\omega)$ 绕 O 点转动，同时从动件将仍按原有的运动规律绕转轴 A 摆动。因此，凸轮轮廓曲线可按下述步骤设计：选取适当的比例尺，作出从动件的位移线图，并将推程和回程区间位移曲线的横坐标各分成若干等分，如图 5-16(b)所示。与移动从动件不同的是，这里纵坐标代表从动件的摆角 ψ。

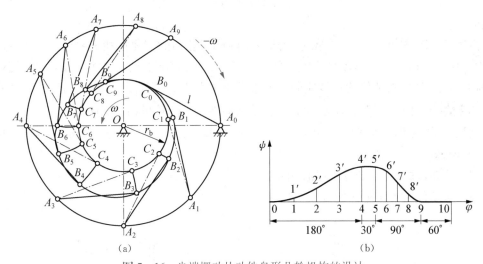

图 5-16 尖端摆动从动件盘形凸轮机构的设计

(1) 以 O 为圆心、以 r_b 为半径做出基圆，并根据已知的中心距 a 确定从动件转轴 A 的位置 A_0。然后以 A_0 为圆心，以从动件杆长 l 为半径做圆弧，交基圆于 C_0 点。A_0C_0 即代表从动件的初始位置，C_0 即从动件尖端的初始位置。

(2) 以 O 为圆心，以 $OA_0=a$ 为半径做转轴圆，并自 A_0 点开始沿着 $-\omega$ 方向将该圆分成与图 5-16(b)中横坐标对应的区间和等份，得点代表反转过程中从动件转轴 A 依次占据的位置。

(3) 以上述各点为圆心，以从动件杆长 l 为半径，分别做圆弧，交基圆于 C_1，C_2，…各点，得线段 A_1C_1，A_2C_2，…；以 A_1C_1，A_2C_2，… 为一边，分别做 $\angle C_1A_1B_1$，$\angle C_2A_2B_2$，…，使它们分别等于图 5-16(b) 中对应的角位移，得线段 A_1B_1、A_2B_2，这些线段即代表反转过程中从动件所依次占据的位置。B_1，B_2，… 即反转过程中从动件尖端的运动轨迹。

（4）将点 B_0，B_1，B_2，…连成光滑曲线，即得凸轮的轮廓曲线。由图中可以看出，该廓线与线段 AB 在某些位置已经相交。故在考虑机构的具体结构时，应将从动件做成弯杆形式，以避免机构运动过程中凸轮与从动件发生干涉。

（5）需要指出的是，在摆动从动件的情况下，位移曲线纵坐标的长度代表的是从动件的角位移。因此，在绘制凸轮轮廓曲线时，需要先把这些长度转换成角度，然后才能一一对应地把它们转移到凸轮轮廓设计图上来。

若采用滚子或平底从动件，则连接 B_1，B_2，…各点所得的光滑曲线为凸轮的理论廓线。过这些点做一系列滚子圆或平底，然后做它们的包络线即可求得凸轮的实际廓线。

5.4　凸轮机构基本参数设计

如上所述，在设计凸轮廓线之前，除了需要根据工作要求选定从动件的运动规律外，还需要确定凸轮机构的一些基本参数，如基圆半径、偏距 e、滚子半径 r_r 等。一般来讲，这些参数的选择除应保证从动件能够准确地实现预期的运动规律外，还应保证机构具有良好的受力状况和紧凑的尺寸。如果这些参数选择不当，将会出现其他一些问题。本节以常用的移动滚子从动件和移动平底从动件盘形凸轮机构为例，来讨论凸轮机构基本参数设计的原则和方法。

5.4.1　移动滚子从动件盘形凸轮机构

1. 压力角及其许用值

同连杆机构一样，压力角也是衡量凸轮机构传力特性好坏的一个重要参数。所谓凸轮机构的压力角，是指在不计摩擦的情况下，凸轮对从动件作用力的方向线与从动件上力作用点的速度方向之间所夹的锐角。对于图 5-17 所示的移动滚子从动件盘形凸轮机构来说，过滚子中心所做理论廓线的法线 nn 与从动件的运动方向线之间的夹角 α 就是其压力角。

（1）压力角与作用力的关系

由图 5-17 可以看出，凸轮对从动件的作用力 F 可以分解成两个分力，即沿着从动件运动方向的分力 F' 和垂直于运动方向的分力 F''。只有前者是推动从动件

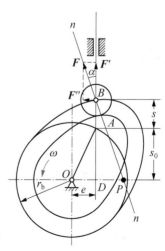

图 5-17　凸轮机构压力角与
基圆半径的关系

克服载荷的有效分力,而后者将增大从动件与导路间的滑动摩擦,它是一种有害分力。压力角 α 越大,有害分力越大;当压力角 α 增加到某一数值时,有害分力所引起的摩擦阻力将大于有效分力 $\boldsymbol{F}'$,这时无论凸轮给从动件的作用力有多大,都不能推动从动件运动,即机构将发生自锁。因此,从减小推力,避免自锁,使机构具有良好的受力状况来看,压力角 α 越小越好。

2) 压力角与机构尺寸的关系

设计凸轮机构时,除了应使机构具有良好的受力状况外,还希望机构结构紧凑。而凸轮尺寸的大小取决于凸轮基圆半径的大小。在实现相同运动规律的情况下,基圆半径越大,凸轮的尺寸也越大。因此,要获得轻便紧凑的凸轮机构,就应当使基圆半径尽可能小。但是基圆半径的大小又和凸轮机构的压力角有直接关系,下面以图 5-17 为例来说明这种关系。

图 5-17 中,过滚子中心 B 所做理论廓线的法线 nn 与过凸轮轴心 O 所做从动件导路的垂线交于 P 点,由瞬心定义可知,该点即凸轮与从动件在此位置时的瞬心,且 $OP = \dfrac{v}{w} = \dfrac{\mathrm{d}s}{\mathrm{d}\varphi}$
由图中 $\triangle BDP$

$$\tan \alpha = \frac{\left| \dfrac{\mathrm{d}s}{\mathrm{d}\varphi} - e \right|}{s + s_0} = \frac{\left| \dfrac{\mathrm{d}s}{\mathrm{d}\varphi} - e \right|}{s + \sqrt{r_b^2 - e^2}} \tag{5-1}$$

式中, $\mathrm{d}s/\mathrm{d}\varphi$ 为位移曲线的斜率,推程时为正,回程时为负。

式(5-1)是在凸轮逆时针方向转动、从动件偏于凸轮轴心右侧的情况下移动滚子从动件盘形凸轮机构压力角的计算公式。考虑到从动件左侧偏置情形,综合两种情况,得压力角公式

$$\tan \alpha = \frac{\left| \dfrac{\mathrm{d}c}{\mathrm{d}\varphi} \mp e \right|}{s + \sqrt{r_b^2 - e^2}} \tag{5-2}$$

也可得出

$$r_b = \sqrt{\left(\frac{\left| \dfrac{\mathrm{d}s}{\mathrm{d}\varphi} \mp e \right|}{\tan \alpha} - s \right)^2 + e^2} \tag{5-3}$$

由式(5-3)可以看出,在其他条件不变的情况下,压力角 α 越大,基圆半径越小,即凸轮的尺寸越小。因此,从使机构结构紧凑的观点来看,压力角 α 应越大越好。

3) 许用压力角

在一般情况下,总希望所设计的凸轮机构既有较好的传力特性,又有较紧凑的尺寸。但由以上分析可知,这两者是互相制约的,因此,在设计凸轮机构时,应兼顾两者统筹考虑。为了使机构能够顺利工作,规定了压力角的许用值 $[\alpha]$,在使 $\alpha \leqslant [\alpha]$ 的前提下,选取尽可能小的基圆半径。根据工程实践的经验,推荐推程时许用压力角取以下数值:移动从动件 $[\alpha] =$

$50° \sim 58°$，当要求凸轮尺寸尽可能小时，可取$[\alpha]=45°$；摆动从动件，$[\alpha]=45°$。回程时，由于通常受力较小且一般无自锁问题，故许用压力角可取得大些，通常取$[\alpha]=70° \sim 80°$。

2. 凸轮基圆半径的确定

如前所述，凸轮的压力角应在$\alpha \leqslant [\alpha]$的前提下选择。由于在机构的运转过程中，压力角的值是随凸轮与从动件的接触点的不同而变化的，即压力角是机构位置的函数，因此为了使机构具有良好的受力状况且结构紧凑，应在保证机构运作良好的前提下，选择尽可能小的基圆半径。

需要指出的是，在实际设计工作中，凸轮基圆半径的最后确定还须考虑机构的具体结构条件等。例如，当凸轮与凸轮轴做成一体时，凸轮的基圆半径必须大于凸轮轴的半径；当凸轮是单独加工，然后装在凸轮轴上时，凸轮上要做出轴毂，凸轮的基圆直径应大于轴毂的外径。通常可取凸轮的基圆直径大于或等于轴径的$1.6 \sim 2$倍。

3. 从动件偏置方向的选择

式(5-1)中e为从动件导路偏离凸轮回转中心的距离，称为偏距。当导路和瞬心P在凸轮轴心O同侧时，式中取"一"号，可使推程压力角减小；反之，当导路和瞬心P在凸轮轴心O异侧时，式中取"＋"号，推程压力角增大。因此，为了减小推程压力角，应将从动件导路向推程相对速度瞬心同侧偏置。注意，导路偏置法可使推程压力角减小，但同时增大了回程压力角，所以偏距e不宜过大。

4. 滚子半径的选择

滚子从动件盘形凸轮的实际廓线是以理论廓线上各点为圆心做一系列滚子圆，然后做该圆簇的包络线得到的。因此，凸轮实际廓线的形状将受滚子半径大小的影响。若滚子半径选择不当，那么可能使从动件不能准确地实现预期的运动规律。下面以图5-18为例来分析凸轮实际廓线形状与滚子半径的关系。

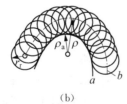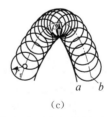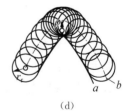

(a)　　　　　　(b)　　　　　　(c)　　　　　　(d)

图 5-18　凸轮实际廓线形状与滚子半径的关系

图5-18(a)所示为内凹的凸轮廓线，a为实际廓线，b为理论廓线。实际廓线的曲率半径ρ_a等于理论廓线的曲率半径ρ与滚子半径r_b之和，即$\rho_a = \rho + r_r$。因此，无论滚子半径大小如何，实际廓线总可以根据理论廓线做出。但是，对于图5-18(b)所示的外凸的凸轮廓线，由于$\rho_a = \rho - r_r$，因此当$\rho > r_r$时，$\rho_a > 0$，实际廓线总可以做出；若$\rho = r_r$，则$\rho_a = 0$，即实际廓线将出现尖点，如图5-18(c)所示，由于尖点处极易磨损，故不能付之实用；若$\rho < r_r$，则$\rho_a > 0$，这时实际廓线将出现交叉，如图5-18(d)所示，当进行加工时，交点以外的部

分将被刀具切去,使凸轮廓线产生过度切割,致使从动件不能准确地实现预期的运动规律,这种现象称为运动失真。为了防止凸轮实际廓线产生过度切割并减小应力集中和磨损,设计时一般应保证凸轮实际廓线的最小曲率半径不小于某一许用值$[\rho_a]$,即

$$\rho_{a\,\min} = \rho_{\min} - r_r \geqslant [\rho_a] \tag{5-4}$$

综上所述,凸轮实际廓线产生过度切割的原因在于其理论廓线的最小曲率半径 $\rho_{\min}$ 小于滚子半径 r_r,即 $\rho_{\min} - r_r < 0$。因此,为了避免凸轮实际廓线产生过度切割,可从两方面着手:一是减小滚子半径 r_r;二是通过增大基圆半径来加大理论廓线的最小曲率半径 $\rho_{\min}$。

但是,由于滚子的尺寸还受到结构和强度等方面的限制,因此滚子半径也不宜取得太小。

例 5 - 2 画出图 5 - 19(a)所示凸轮机构在凸轮沿逆时针方向转动 35°后的从动件与凸轮相对位置及压力角。

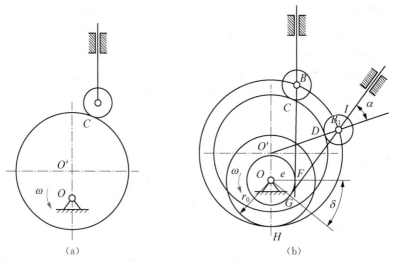

(a)　　　　　　　　　　(b)

图 5 - 19　凸轮机构

解　图 5 - 19(b)画出的理论轮廓是以 O' 为圆心,经过滚子中心且与凸轮实际轮廓等距离的圆;随后以 O 为圆心,以到理论轮廓最近距离为半径作基圆,作偏距圆;自 O 点作导路的垂直线与偏距圆交于 F 点,把 OF 点沿凸轮转动的反向转 35°到 G 点,从 G 点作偏距圆的切线得到从动件的位置。两构件在接触点 D 的公法线是两个圆心的连线 $O'B_1$,该线就是力的作用线,该线与从动件移动方向的夹角就是压力角。

5.4.2　移动平底从动件盘形凸轮机构

1. 运动失真现象及其避免的方法

图 5 - 20 所示为一移动平底从动件盘形凸轮机构的设计图。所选用的基圆半径 $r_b = 25\,\text{mm}$,从动件运动规律为:当凸轮转过 90°时,从动件以摆线运动规律上升 $h = 100\,\text{mm}$;当凸轮转过剩余 270°时,从动件以摆线运动规律返回原处。从图 5 - 20 可以明显地看出,凸轮

实际廓线本身出现了交叉。在加工凸轮时,廓线中交叉的部分将被刀具切去,即产生过度切割现象,从而使从动件不能完全实现预期的运动规律,即产生运动失真。

为什么在这个例子中会出现运动失真现象?如何才能避免它?凸轮廓线之所以出现交叉现象,一方面是由于所选用的基圆半径太小($r_b = 25$ mm),另一方面是由于试图在凸轮转过1周中相对小的角度($\varphi = 90°$)时,推动从动件移动过大的升距($h = 100$ mm)。因此要防止出现运动失真现象,有2种可供选择的办法:一是减小从动件的升距或增大相应的凸轮转角 φ,但是若工作所要求的 φ 及 h 不允许改变,则不能采用这种办法;二是不改变工作所要求的 φ 及 h 值,而选用较大的基圆半径,这样做虽然会使凸轮的实际尺寸变大,但当基圆半径增大到一定值时,可以避免运动失真现象。

2. 凸轮基圆半径的确定

当凸轮廓线出现交叉时,其曲率半径将变换符号,由正变为负。因此,若凸轮廓线上某处处于临界交叉状态,那么该处凸轮廓线将变为一个尖点,即对应于 φ 的某一值,φ 将变为零。所以,为了避免过度切割,所选取的基圆半径必须大到足以使凸轮廓线上各点的曲率半径 $\rho > 0$。

在设计凸轮廓线时,只要保证 $\rho_{min} > 0$,即可使凸轮廓线全部外凸,并避免廓线变尖或出现交叉。在实际设计时,为了防止接触应力过高和减小磨损,通常规定凸轮廓线的最小曲率半径不得小于某一许用值 $[\rho]$。

在用计算机对凸轮廓线进行辅助设计时,通常是先根据结构条件初选基圆半径,然后再校核曲率半径。若 $\rho_{min} < [\rho]$,则应增大基圆半径重新设计。

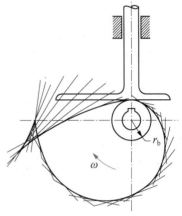

图 5-20 移动平底从动件盘形凸轮机构的运动失真

3. 从动件偏置方向的选择

对于移动平底从动件盘形凸轮机构来说,偏距 e 并不影响凸轮廓线的形状。选择适当的偏距,通常是为了减轻从动件过大的弯曲应力。因此,从动件偏置方向的选择要遵循以下原则:使从动件在推程阶段所受的弯曲应力减小。

4. 平底宽度的确定

在设计平底从动件盘形凸轮机构时,为了保证机构在运转过程中,从动件平底与凸轮廓线始终正常接触,还必须确定平底的宽度。在任一瞬时,凸轮与平底的接触点偏离凸轮轴心的距离 L 等于该瞬时的 $\dfrac{ds}{d\varphi}$ 值。因此,为了保证从动件平底与凸轮廓线正常接触,从凸轮转轴算起,平底的最小宽度必须至少向右侧延长 $\left(\dfrac{ds}{d\varphi}\right)_{max}$ 和向右侧延长 $\left|\left(\dfrac{ds}{d\varphi}\right)_{min}\right|$,即

$$B \geqslant \left(\frac{ds}{d\varphi}\right)_{max} + \left|\left(\frac{ds}{d\varphi}\right)_{min}\right| \qquad (5-4)$$

5.5 解析法设计凸轮廓线

解析法设计凸轮廓线,就是根据工作所要求的从动件的运动规律和已知的机构参数,求出凸轮廓线的方程式,并精确地计算出凸轮廓线上各点的坐标值。随着计算机和各种数控加工机床在生产中的广泛应用,解析法设计凸轮廓线正在越来越广泛地用于生产。下面以移动滚子从动件盘形凸轮机构为例来介绍凸轮廓线设计的解析法。

5.5.1 移动滚子从动件盘形凸轮机构

1. 理论廓线方程

图 5-21 所示为一偏置移动滚子从动件盘形凸轮机构。选取直角坐标系 xOy,B_0 点为从动件处于起始位置时滚子中心所处的位置;当凸轮转过 φ 角后,从动件的位移为 s。根据反转法原理作图,此时滚子中心将处于 B 点,该点的直角坐标为

$$\left.\begin{aligned} x &= KN + KH = (s_0 + s)\sin\varphi + e\cos\varphi \\ y &= BN + MH = (s_0 + s)\cos\varphi - e\sin\varphi \end{aligned}\right\} \qquad (5-5)$$

式中:e 为偏距;$s_0 = \sqrt{r_b^2 - e^2}$。

式(5-5)即凸轮理论廓线的方程式。

若是对心移动从动件,由于 $e=0$,$s_0 = r_b$,故上式可写成

$$\left.\begin{aligned} x &= (r_b + s)\sin\varphi \\ y &= (r_b + s)\cos\varphi \end{aligned}\right\} \qquad (5-6)$$

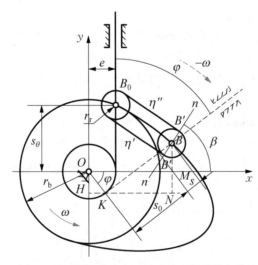

图 5-21 偏置移动滚子从动件盘型凸轮机构

2. 实际廓线方程

如前所述,在滚子从动件盘形凸轮机构中,凸轮的实际廓线是以理论廓线上各点为圆心、作一系列滚子圆,然后作该圆族的包络线得到的。因此,实际廓线与理论廓线在法线方向上处处等距,该距离均等于滚子半径 r_r。所以,如果已知理论廓线上任一点 B 的坐标(x, y)时,只要沿理论廓线在该点的法线方向取距离为 r_r,可得到实际廓线上相应点 B' 的坐标值(x', y')。

由高等数学可知,曲线上任一点的法线斜率与该点的切线斜率互为负倒数,故理论廓线上 B 点处的法线 nn 的斜率为:

$$\tan\beta = \frac{dx}{-dy} = \frac{dx}{d\varphi} \Big/ \left(-\frac{dy}{d\varphi}\right) \tag{5-9}$$

式中:$dx/d\varphi$,$dy/d\varphi$ 可由式(5-5)求得。由图 5-21 可以看出,当 β 角求出后,实际廓线上对应点 B' 的坐标可由下式求出:

$$\left.\begin{array}{l} x = x \mp r_r\cos\beta \\ y = y \mp r_r\sin\beta \end{array}\right\} \tag{5-10}$$

式中 $\cos\beta$,$\sin\beta$ 可由式(5-9)得到,即

$$\cos\beta = \frac{-dy/d\varphi}{\sqrt{\left(\frac{dx}{d\varphi}\right)^2 + \left(\frac{dy}{d\varphi}\right)^2}}$$

$$\sin\beta = \frac{dx/d\varphi}{\sqrt{\left(\frac{dx}{d\varphi}\right)^2 + \left(\frac{dy}{d\varphi}\right)^2}}$$

将 $\cos\beta$,$\sin\beta$ 代入式(5-10)得

$$\left.\begin{array}{l} x' = x \mp r_r \dfrac{dy/d\varphi}{\sqrt{\left(\frac{dx}{d\varphi}\right)^2 + \left(\frac{dy}{d\varphi}\right)^2}} \\[4mm] y' = y \mp r_r \dfrac{dx/d\varphi}{\sqrt{\left(\frac{dx}{d\varphi}\right)^2 + \left(\frac{dy}{d\varphi}\right)^2}} \end{array}\right\} \tag{5-11}$$

此即凸轮实际廓线的方程式。式中,上面一组减号表示一条内包络廓线 η',下面一组加号表示一条外包络线 η''。

5.5.2 移动平底从动件盘形凸轮机构

1. 凸轮实际廓线方程

图 5-22 所示为一移动平底从动件盘形凸轮机构。选取直角坐标系 xOy 如图 5-22 所

机械原理

示。当从动件处于起始位置时,平底与凸轮廓线在 B_0 处接触;当凸轮转过 φ 角后,从动件的位移为 s。根据反转法原理作图可以看出,此时从动件平底与凸轮廓线在 B 点相切。该点的坐标 (x,y) 可用如下方法求得。

从图 5-22 中可以看出,P 点为该瞬时从动件与凸轮的瞬心,故从动件在该瞬时的移动速度为 $v = v_P = \overline{OP} \cdot \omega$

即 $\overline{OP} = \dfrac{v}{\omega} = \dfrac{\mathrm{d}s}{\mathrm{d}\varphi}$

由图可以得出 B 点坐标 (x,y),即

$$\left.\begin{aligned} x &= OD + EB = (r_\mathrm{b}+s)\sin\varphi + \frac{\mathrm{d}s}{\mathrm{d}\varphi}\cos\varphi \\ y &= CD - CE = (r_\mathrm{b}+s)\cos\varphi - \frac{\mathrm{d}s}{\mathrm{d}\varphi}\sin\varphi \end{aligned}\right\} \tag{5-7}$$

式(5-7)是移动平底从动件盘形凸轮廓线方程。

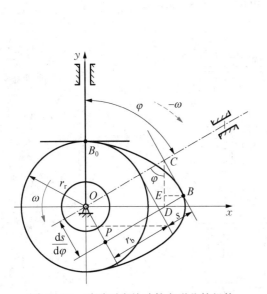

图 5-22 移动平底从动件盘形凸轮机构

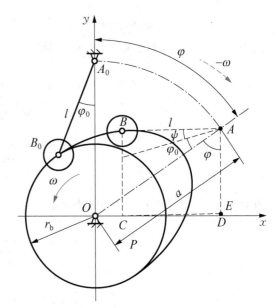

图 5-23 摆动滚子从动件盘形凸轮机构

5.5.3 摆动滚子从动件盘形凸轮机构

图 5-23 所示为一摆动滚子从动件盘形凸轮机构。已知凸轮转动轴心 O 与摆杆摆动轴心 A_0 之间的中心距为 a,摆杆长度为 l,选取直角坐标系 xOy 如图 5-23 所示。

当从动件处于起始位置时,滚子中心处于 B_0 点,摆杆与连心线 OA_0 之间的夹角为 φ_0;当凸轮转过 φ 角后,从动件摆过 φ 角。由反转法原理作图可以看出,此时滚子中心将处于 B

点。由图可知,B 点的坐标(x,y)分别为

$$\left.\begin{array}{l} x = OD - CD = a\sin\varphi - l\sin(\varphi + \psi_0 + \psi) \\ y = AD - ED = a\cos\varphi - l\cos(\varphi + \psi_0 + \psi) \end{array}\right\} \qquad (5-8)$$

此即凸轮理论廓线方程。

 习 题

5-1 在直动尖顶推杆盘形凸轮机构中,如题 5-1 图所示的推杆运动规律尚不完全,试在图上补全各段的 s-δ,v-δ,a-δ 曲线,并指出哪些位置有刚性冲击,哪些位置有柔性冲击。

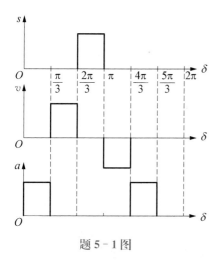

题 5-1 图

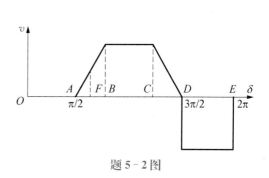

题 5-2 图

5-2 在直动尖顶推杆盘形凸轮机构中,如题 5-2 图所示的推杆速度变化规律,试在图上补全各段的 s-δ,a-δ 曲线。

5-3 已知凸轮机构中凸轮的回转中心、导路的位置及行程 h,画出凸轮机构的基圆、偏距圆及凸轮的合理转向。

题 5-3 图

5-4 在题 5-4 图所示的两个凸轮机构中,凸轮均为偏心轮,转向如图所示。已知参数 $R = 30\ \mathrm{mm}$,$L_{QA} = 10\ \mathrm{mm}$,$e = 15\ \mathrm{mm}$,$r_{\mathrm{T}} = 5\ \mathrm{mm}$,$L_{OB} = 50\ \mathrm{mm}$,$L_{BC} = 40\ \mathrm{mm}$。$E$、$F$ 为凸轮与磙子的两个接触点。试做图标出:

(1) 画出理论轮廓曲线和基圆;

(2) 从 E 点接触到 F 点接触凸轮所转动过的角度;

（3）F 点接触时的从动件压力角；

（4）从 E 点接触到 F 点接触从动件的位移或摆动角度。

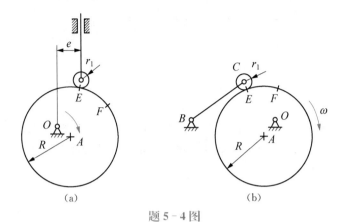

（a）　　　　　　　　　（b）

题 5-4 图

5-5　题 5-5 图所示为一摆动平底从动件盘形凸轮机构,求

（1）图示位置的压力角；

（2）凸轮转动 90° 后与从动件的相对位置及压力角。

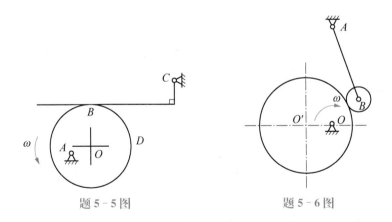

题 5-5 图　　　　　　　　　题 5-6 图

5-6　题 5-6 图所示为滚子从动件盘形凸轮机构,试求

（1）凸轮的理论轮廓和基圆；

（2）凸轮沿图示方向转动 45° 后从动件相对于凸轮的位置及摆动角度；

（3）凸轮沿图示方向转动 45° 后从动件的压力角。

5-7　题 5-7 图所示为滚子直动从动件盘形凸轮机构,试求

（1）凸轮的理论轮廓和基圆；

（2）推程开始和结束时从动件相对于凸轮的位置及压力角；
（3）推程的距离。

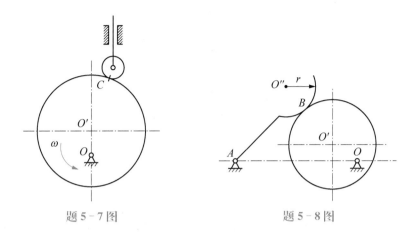

<table>
<tr><td>题 5 - 7 图</td><td>题 5 - 8 图</td></tr>
</table>

5 - 8 在题 5 - 8 图所示的凸轮机构中，弧形表面的摆动推杆与凸轮在 B 点接触。当凸轮从图示位置逆时针转过 $90°$ 时，用图解法求出
（1）推杆在凸轮上的接触点；
（2）推杆摆动的角度大小；
（3）该位置时的压力角。

5 - 9 在如题 5 - 9 图所示的偏置直动滚子从动件盘形凸轮机构中，已知圆盘凸轮半径 R，圆心与转轴中心间的距离 $OA = R/2$，偏距 $e = OA/2$，滚子半径为 r_T。
（1）求在图示位置 $\varphi = 45°$ 时机构的压力角；
（2）如分别增大滚子半径 r_T，偏距 e，圆心与转轴中心间的距离 OA（3 个数值每次只改变一个），试问从动件的移动位置和压力角有无变化？为什么？

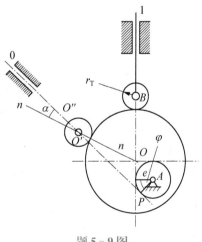

题 5 - 9 图

5 - 10 凸轮的理论轮廓和实际轮廓有何区别？所谓基圆半径是指哪一条轮廓曲线的最小向径？

5 - 11 在滚子从动件盘形凸轮机构中，从动件上滚子的半径是否可以任意选取？太大或太小会出现什么问题？

5 - 12 直动从动件盘形凸轮机构压力角的大小与该机构的哪些因素有关？

第6章

齿轮机构

齿轮机构是现代机械中应用得最广泛的一种传动机构。它通过轮齿齿廓直接接触来传递空间任意两轴间的运动和动力。与其他传动机构相比,其主要优点是:传动准确、平稳,机械效率高,使用寿命长,工作安全、可靠,传递的功率和适用速度范围大。缺点为制造和安装精度要求高,从而导致成本较高。

6.1 齿轮机构的组成和类型

6.1.1 齿轮机构的组成和传动比

齿轮机构是由主动齿轮、从动齿轮和机架组成的一种高副机构。这种机构通过成对的轮齿依次啮合传递两轴之间的运动和动力。如图 6-1 所示,n_1 和 n_2 分别为两齿轮转速,z_1 和 z_2 分别为两齿轮的齿数,φ_1 和 φ_2 分别为时间 t 内两齿轮转过的角度。当齿轮机构传动时,主动齿轮每转过 1 个轮齿,从动齿轮也转过 1 个轮齿,即任何情况下两啮合齿轮转过的齿数必然相等,若设时间 t 内转过齿数为 z_0,则可得

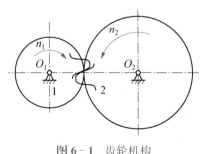

图 6-1 齿轮机构

$$\varphi_1 = \frac{360°}{z_1} \cdot z_0$$

$$\varphi_2 = \frac{360°}{z_2} \cdot z_0$$

$$\varphi_1 = \frac{2\pi n_1}{60} \cdot t$$

$$\varphi_2 = \frac{2\pi n_2}{60} \cdot t$$

齿轮机构的平均传动比为

$$i_{12}=\frac{n_1}{n_2}=\frac{\dfrac{\varphi_1}{t}}{\dfrac{\varphi_2}{t}}=\frac{\varphi_1}{\varphi_2}=\frac{\dfrac{360°}{z_1}\cdot z_0}{\dfrac{360°}{z_2}\cdot z_0}=\frac{z_2}{z_1} \tag{6-1}$$

式(6-1)说明,主动齿轮与从动齿轮转速之比等于两齿轮齿数的反比。当齿轮的齿数确定后,齿轮机构的平均传动比是一个确定值。若要求瞬时传动比恒定或按一定规律变化,则需设计相应的齿轮形状和齿廓曲线。

6.1.2 齿轮机构的类型

工程实际中所使用的齿轮机构形式多种多样,按照不同的标准可以有不同的分类方法。按照一对齿轮传动时的相对运动,可以将齿轮分成以下几种。

1. 平面齿轮机构

做平面相对运动的齿轮机构称为平面齿轮机构。它用于传递两平行轴之间的运动和动力,其齿轮是圆柱形的,故称为圆柱齿轮。按照轮齿在圆柱体上排列方向的不同,平面齿轮机构又可分为以下 4 种:

(1) 直齿圆柱齿轮机构 直齿圆柱齿轮简称直齿轮,其轮齿的齿向与轴线平行。

(2) 平行轴斜齿圆柱齿轮机构 斜齿圆柱齿轮简称斜齿轮,其轮齿的齿向与轴线倾斜一个角度。

(3) 人字齿齿轮机构 人字齿齿轮的齿形如"人"字,它相当于由两个全等、齿向倾斜方向相反的斜齿轮拼接而成。

(4) 曲线齿圆柱齿轮机构 曲线齿圆柱齿轮简称曲线齿轮,其轮齿沿轴向呈弯曲的弧面。

按照齿轮啮合方式,平面齿轮机构还可以分为以下 3 种:

(1) 外啮合齿轮机构,其两齿轮的转动方向相反。

(2) 内啮合齿轮机构,其两齿轮的转动方向相同。

(3) 齿轮齿条机构,其中一个齿轮的直径为无穷大,演变为齿条。当齿轮转动时,齿条做直线移动。

2. 空间齿轮机构

做空间相对运动的齿轮机构称为空间齿轮机构,它用来传递两相交轴或交错轴之间的运动和动力。

(1) 传递相交轴运动的齿轮机构

用于传递相交轴运动的齿轮机构称为圆锥齿轮机构。圆锥齿轮的轮齿分布在截圆锥体表面上,也有直齿、斜齿和曲线齿之分。其中以直齿圆锥齿轮应用最广。

(2) 传递交错轴运动的齿轮机构

用于传递交错轴运动的齿轮机构常见的有交错轴斜齿圆柱齿轮机构和蜗杆蜗轮机构。

交错轴斜齿圆柱齿轮机构由两个斜齿轮组成,就单个齿轮而言,仍是一个斜齿圆柱齿轮。蜗杆蜗轮机构由蜗杆和蜗轮组成,可看作由交错轴斜齿圆柱齿轮机构演化而来。一般以蜗杆为主动件做减速传动,通常两轴垂直交错,交错角为90°。

表6-1所示为圆形齿轮机构的类型。

表6-1 圆形齿轮机构的类型

平面齿轮机构	传递平行轴运动的外啮合齿轮机构		
	直齿	斜齿	人字齿
	内啮合齿轮机构	齿轮齿条机构	
空间齿轮机构	传递相交轴运动的外啮合圆锥齿轮机构		
	直齿	斜齿	曲齿
	传递交错轴运动的外啮合齿轮机构		
	斜齿	蜗杆蜗轮	

6.2 渐开线齿廓及其啮合特性

圆柱齿轮的齿面与垂直于其轴线的平面的交线称为齿廓(tooth profile)。

齿轮机构通过主动轮轮齿的齿廓推动从动轮轮齿齿廓来实现运动传递。两轮的瞬时角速度之比可以是恒定的,也可以是按照一定规律变化的。齿轮的瞬时角速度之比与齿廓形状有关。因此,在设计齿轮时,要根据给定的传动比确定齿廓形状。

6.2.1 齿廓啮合基本定律

图 6-2 所示为一对平面齿廓曲线 G_1、G_2 在点 K 处啮合接触的情况。齿廓曲线 G_1 绕轴 O_1 转动,齿廓曲线 G_2 绕轴 O_2 转动。要使这一对齿廓能够通过接触传动,它们沿接触点的公法线方向的分速度应相等,否则两齿廓将不是彼此分离就是相互嵌入,无法达到正常传动的目的。因此,两齿廓接触点间的相对速度 v_{k1k2} 只能沿两齿廓接触点处的公切线方向。

过啮合接触点 K 做两齿廓公法线 nn 与连心线 O_1O_2 相交于点 C。则由三心定理可知,点 C 是这一对齿廓的相对速度瞬心。故而齿廓曲线 G_1 和 G_2 在该点有相同的速度:

$$v_C = O_1C \cdot \omega_1 = O_2C \cdot \omega_2 \qquad (6-2)$$

可得,两齿轮的传动比:

$$i_{12} = \frac{\omega_1}{\omega_2} = \frac{O_2C}{O_1C} \qquad (6-3)$$

交点 C 称为两齿廓的啮合节点,简称节点。

因此可以得出结论:相互啮合传动的一对齿轮,在任一位置时的角速度之比都等于其连心线被接触点处的公法线所分成的两线段长度的反比。这一规律称为齿廓啮合基本定律。满足齿廓啮合基本定律的一对齿廓称为共轭齿廓。

由式(6-3)可知,要使两轮做定传动比传动,则其齿廓曲线必须满足以下条件:无论两齿廓在何处啮合,过啮合接触点所做的两齿廓公法线必须通过两轮连心线 O_1O_2 上的一固定点 C,如图 6-3 所示。若分别以 r_1' 和 r_2' 表示 O_1C 和 O_2C,则有

$$i_{12} = \frac{\omega_1}{\omega_2} = \frac{O_2C}{O_1C} = \frac{r_2'}{r_1'} = 常数$$

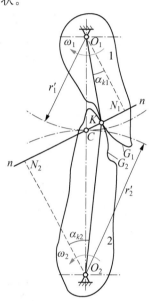

图 6-2 平面齿廓曲线

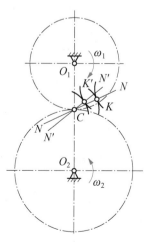

图 6-3 两齿廓的啮合

以 O_1 和 O_2 为圆心，r'_1 和 r'_2 为半径的圆分别称为轮 1 与轮 2 的节圆，故两齿轮的啮合传动可以视为一对节圆做纯滚动，r'_1 和 r'_2 称为节圆半径。

图 6-2 和图 6-3 所示的齿廓都能满足 i_{12} 为常数的要求。在图 6-2 中，一对齿廓曲线在任何位置啮合时，过啮合接触点的公法线是一条定直线，所以通过连心线 O_1O_2 上的定点 C。

而在图 6-3 中，一对齿廓曲线在不同位置啮合时，过啮合接触点的公法线不是一条定直线，但是各条公法线都通过连心线 O_1O_2 上的定点 C。

凡是能满足定传动比（或某种变传动比规律）要求的一对齿廓曲线，从理论上来说，都可以作为实现定传动比（或某种变传动比规律）传动的齿轮齿廓曲线。但在生产实际中，通常会从制造、安装和使用等各方面综合考虑，选择适当的曲线作为齿廓曲线。常用的齿廓曲线有渐开线、摆线和圆弧曲线等几种。由于渐开线齿廓曲线有易于制造和便于安装等优点，所以目前绝大多数齿轮都采用渐开线齿廓。

6.2.2 渐开线齿廓

1. 渐开线的形成及其性质

如图 6-4 所示，当直线 BK 沿半径为 r_b 的圆周做纯滚动时，直线上任一点 K 的轨迹（$\overset{\frown}{AK}$）就是该圆的渐开线。这个圆称为渐开线的基圆，半径 r_b 称为基圆半径，直线 BK 称为渐开线的发生线，$\theta_k = \angle AOK$ 称为渐开线上点 K 的展角。根据渐开线的形成过程，可得渐开线的性质如下。

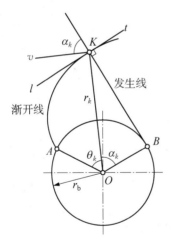 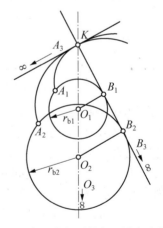

图 6-4 渐开线的形成　　　图 6-5 渐开线的形状与基圆大小的关系

（1）发生线沿基圆滚过的长度，等于基圆上被滚过的圆弧长度。由于发生线在基圆上作纯滚动，故由图 6-4 可知 $\overline{KB} = \overset{\frown}{AB}$。

（2）渐开线上任一点的法线恒与基圆相切。由于发生线 BK 沿基圆作纯滚动，故它与基圆的切点 B 即为其速度瞬心，所以发生线 BK 即渐开线在 K 点的法线。又由于发生线恒切于基圆,故可得出结论:渐开线上任一点的法线一定与基圆相切。

(3) 渐开线上离基圆越远的部分,其曲率半径越大,渐开线越平直。由于发生线 BK 与基圆的切点 B 也是渐开线在点 K 的曲率中心,而 $\overline{KB}$ 是相应的曲率半径,故由图 6 - 4 可知,渐开线上离基圆愈远的部分,其曲率半径愈大,渐开线愈平直;渐开线上离基圆愈近的部分,其曲率半径愈小,渐开线愈弯曲;渐开线在基圆上起始点处的曲率半径为零。

(4) 基圆内无渐开线。由于渐开线是由基圆开始向外展开的,所以基圆内无渐开线。

(5) 渐开线的形状取决于基圆的大小。如图 6 - 5 所示,基圆愈小,渐开线愈弯曲;基圆愈大,渐开线愈平直。当基圆半径为无穷大时,其渐开线将是一条垂直于 B_3K 的直线,它就是后面将介绍的齿条齿廓曲线。

2. 渐开线方程

根据渐开线的性质,可导出以极坐标形式表示的渐开线方程式。如图 6 - 4 所示,点 A 为渐开线在基圆上的起始点,点 K 为渐开线上任意点,它的向径用 r_k 表示,展角用 θ_k 表示。若用此渐开线作齿轮的齿廓,则当齿轮绕 O 点转动时,齿廓上点 K 速度方向应垂直于直线 OK,我们把法线 BK 与点 K 速度方向线(沿 K_v 方向)之间所夹的锐角称为渐开线齿廓在该点的压力角,用 α_k 表示,其大小等于 $\angle KOB$,即 $\alpha_k = \angle KOB$。 由 $\triangle OBK$ 可知

$$r_k = \frac{r_b}{\cos\alpha_k}$$

又

$$\tan\alpha_k = \frac{\overline{KB}}{\overline{OB}} = \frac{\widehat{AB}}{r_b} = \frac{r_b(\alpha_k + \theta_k)}{r_b} = \alpha_k + \theta_k$$

即

$$\theta_k = \tan\alpha_k - \alpha_k$$

上式表明,展角 θ_k 随压力角 α_k 的变化而变化。所以 θ_k 又称为压力角 α_k 的渐开线函数,工程上用 $\mathrm{inv}\,\alpha_k$ 表示 θ_k。

综上所述,渐开线的极坐标方程式为

$$\left. \begin{array}{l} r_k = \dfrac{r_b}{\cos\alpha_k} \\[2mm] \theta_k = \mathrm{inv}\,\alpha_k = \tan\alpha_k - \alpha_k \end{array} \right\} \tag{6-4}$$

为了使用方便,在工程中把不同压力角 α_k 的渐开线函数值计算出来,制成了渐开线函数表,以备查用。渐开线函数表可查阅有关设计手册。

6.2.3 渐开线齿廓的啮合特性

1. 啮合线为一条定直线

图 6 - 6(a) 中实线所示为一对渐开线齿廓在任意位置啮合,啮合接触点为点 K 的情况。过点 K 做这对齿廓的公法线 N_1N_2,根据渐开线性质可知,此公法线 N_1N_2 必同时与两齿

廓的基圆相切,即 N_1N_2 为两基圆的一条内公切线。由于两齿廓的基圆是定圆,在其同一方向上的内公切线只有一条。因此,不论两齿廓在什么位置啮合接触,它们的啮合点一定在这条内公切线上(如图中 K' 点)。这条内公切线就是啮合点 K 走过的轨迹,称为啮合线,亦即一对渐开线齿廓的啮合线为一条定直线。

由于啮合线与两齿廓啮合接触点的公法线重合,且为一条定直线,所以在渐开线齿轮传动过程中,齿廓间的正压力方向始终不变,这对于齿轮传动的平稳性极为有利。

2. 能实现定传动比传动

如上所述,无论两齿廓在任何位置啮合,啮合接触点的公法线是一条定直线,所以其与连心线 O_1O_2 的交点 C 必为一定点,这就说明了渐开线齿廓能实现定传动比传动。

又由图 6-6(a)可知,$\triangle O_1CN_1 \backsim \triangle O_2CN_2$,因此传动比可写成

$$i_{12}=\frac{\omega_1}{\omega_2}=\frac{O_2C}{O_1C}=\frac{r_2'}{r_1'}=\frac{r_{b2}}{r_{b1}} \qquad (6-5)$$

上式表明两渐开线齿廓啮合时,其传动比 i_{12} 不仅与两轮的节圆半径成反比,也与两轮基圆半径成反比。

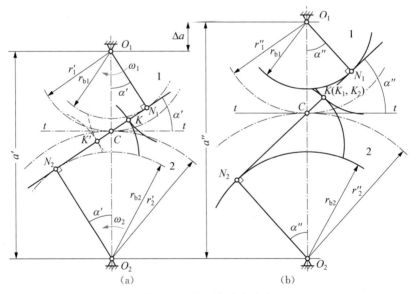

图 6-6 渐开线齿廓啮合

3. 中心距变化不影响传动比

由式(6-5)可知,传动比取决于两基圆半径的反比。当齿轮加工完成后,两基圆的大小固定,即使中心距由原来的 a' 变化 Δa 而成为 a''(见图 6-6(b)),节圆半径变为 r_1'' 和 r_2'',但由于基圆半径仍为原来的 r_{b1} 和 r_{b2},因此传动比仍为

$$i_{12}=\frac{\omega_1}{\omega_2}=\frac{r_{b2}}{r_{b1}}$$

这说明即使中心距有所变化,只要一对渐开线齿廓仍能啮合传动,就仍能保持原来的传动比不变,渐开线齿廓的这一特性称为中心距可分性。这一特性给渐开线齿轮的加工、安装和使用带来了极大便利,也是渐开线齿廓被广泛采用的主要原因之一。

4. 啮合角恒等于节圆压力角

在图 6-6 中,啮合线 N_1N_2 与两节圆公切线 tt 之间所夹的锐角 α' 称为啮合角,它的大小标志着啮合线的倾斜程度。由于两个节圆在节点 C 相切,所以当一对渐开线齿廓在节点 C 处啮合时,啮合点 K 与节点 C 重合,这时的压力角称为节圆压力角。可以分别用 $\angle N_1O_1C$ 和 $\angle N_2O_2C$ 来度量。从图中可知 $\angle N_1O_1C = \angle N_2O_2C = \alpha'$,因此可得出结论:一对相啮合的渐开线齿廓的啮合角,大小恒等于两齿廓的节圆压力角。

5. 中心距与啮合角余弦的乘积恒等于两基圆半径之和

由图 6-6(a)可知,中心距:

$$a' = r'_1 + r'_2 = \frac{r_{b1} + r_{b2}}{\cos\alpha'}$$

即

$$a'\cos\alpha' = r_{b1} + r_{b2}$$

由图 6-6(b)可知,中心距改变后,啮合角由原来的 α' 改变为 α'',中心距:

$$a'' = r''_1 + r''_2 = \frac{r_{b1} + r_{b2}}{\cos\alpha''}$$

即

$$a''\cos\alpha'' = r_{b1} + r_{b2}$$

故可得中心距和啮合角关系式为

$$a'\cos\alpha' = a''\cos\alpha'' \tag{6-6}$$

上式说明中心距与相应的啮合角余弦的乘积是常数,恒等于两基圆半径之和。

6.3 渐开线标准直齿圆柱齿轮

6.3.1 外齿轮

1. 齿轮各部分的名称

图 6-7 为一外齿轮的一部分,齿轮上每个凸起部分称为齿,齿轮的齿数用 z 表示。

(1)齿顶圆 过所有轮齿顶端的圆称为齿顶圆,其半径用 r_a 表示,直径用 d_a 表示。分度圆与齿顶圆之间的径向距离称为齿顶高,用 h_a 表示。

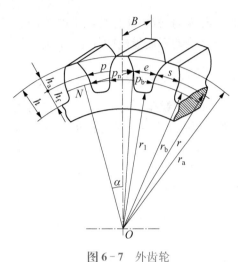

图 6-7　外齿轮

（2）齿根圆　过所有齿槽底部的圆称为齿根圆，其半径用 r_f 表示，直径用 d_f 表示。分度圆与齿根圆之间的径向距离称为齿根高，用 h_f 表示

（3）齿厚　每个轮齿两侧间任意圆周的弧线长度称为齿厚。在半径为 r_k 的圆周上度量的弧长称为该半径上的齿厚，用 s_k 表示。

（4）齿槽宽　两个轮齿间齿槽两侧齿廓间任意圆周上的弧长称为齿槽宽。在半径为 r_k 的圆周上度量的弧长称为该半径上的齿槽宽，用 e_k 表示。

（5）齿距　相邻两个轮齿同侧齿廓之间的圆周弧长称为齿距。在半径为 r_k 的圆周上度量的弧长称为该半径的齿距，用 p_k 表示，显然 $p_k = s_k + e_k$。

（6）法向齿距　相邻两个轮齿同侧齿廓在法线方向上的距离称为法向齿距，用 p_n 表示。由渐开线性质可知，$p_n = p_b$。

（7）分度圆　设计齿轮的基准圆。规定标准齿轮上齿槽宽与齿厚相等的圆为分度圆。其半径用 r 表示，直径用 d 表示。分度圆上的齿厚用 s 表示，齿槽宽用 e 表示。齿距用 p 表示，$p = s + e$。

（8）齿顶高　轮齿介于分度圆与齿顶圆之间的部分称为齿顶（top land），其径向高度称为齿顶高（addendum），用 h_a 表示。

（9）齿根高　轮齿介于分度圆与齿根圆之间的部分称为齿根（bottom land），其径向高度称为齿根高（dedendum），用 h_f 表示。

（10）全齿高　齿顶圆与齿根圆之间的径向距离称为全齿高，用 h 表示，$h = h_a + h_f$。

（11）基圆　产生渐开线的圆称为基圆，其半径用 r_b 表示，直径用 d_b 表示。基圆上的齿距用 p_b 表示，齿距 $p_b = s_b + e_b$，s_b，e_b 和 e_b 是基圆上的齿厚与齿槽宽。

2. 基本参数

渐开线标准直齿圆柱齿轮有 5 个基本参数：齿数、模数、压力角、齿顶高系数和顶隙系数。

（1）齿数 z　齿轮上的轮齿总数。

（2）分度圆模数 m　分度圆周长 $= \pi d = zp$，于是可得

$$d = \frac{zp}{\pi}$$

由于 π 是无理数，故而分度圆直径也是无理数，这对齿轮的设计很不方便。为了方便设计、加工和检验，规定分度圆齿距与 π 的比值用 m 表示，并取其为一有理数列，即

$$m = \frac{p}{\pi}$$

于是,分度圆直径 $d = mz$,分度圆齿距 $p = \pi m$。其中,m 称为分度圆模数,简称模数,单位是 mm。我国已制定了齿轮模数的国家标准,如表 6-2 所示。

表 6-2　标准模数(GB/T 1357—1987)　　　　　　　　　　　　(单位:mm)

第一系列	0.1	0.12	0.15	0.2	0.25	0.3	0.6	0.5	0.6	0.8	1
	1.25	1.5	2	2.5	3	6	5	6	8	10	12
	16	20	25	32	60	50					
第二系列	0.35	0.7	0.9	1.75	2.25	2.75	(3.25)	3.5	(3.75)	6.5	5.5
	(6.5)	7	9	(11)	16	18	22	28	(30)	36	65

说明:(1) 本表适用于渐开线圆柱齿轮,对斜齿轮用法面模数。
　　　(2) 选用模数时,应优先选用第一系列,其次是第二系列,括号内的模数尽可能不用。

(3) 分度圆压力角 α　图 6-7 中过分度圆与渐开线交点做基圆切线得切点 N,该交点与中心 O 的连线与 NO 线之间的夹角用 α 表示,其大小等于渐开线在分度圆周上压力角的大小。我国规定分度圆压力角标准值一般为 $20°$。在某些装置中,也有用分度圆压力角为 $16.5°$、$15°$、$22.5°$和 $25°$等的齿轮。

至此,可以给分度圆下一个完整的定义:分度圆就是齿轮中具有标准模数和标准压力角的圆。

(4) 齿顶高系数 h_a^*　齿顶高 h_a 用齿顶高系数 h_a^* 与模数的乘积表示 $h_a = h_a^* m$。

(5) 顶隙系数 c^*　齿根高 h_f 用齿顶高系数 h_a^* 与顶隙系数 c^* 之和乘以模数表示

$$h_f = (h_a^* + c^*) m$$

我国规定了齿顶高系数与顶隙系数的标准值:

正常齿制

当 $m \geqslant 1$ mm 时,$h_a^* = 1$,$c^* = 0.25$

当 $m < 1$ mm 时,$h_a^* = 1$,$c^* = 0.35$

短齿制　$h_a^* = 0.8$,$c^* = 0.3$

3. 渐开线标准直齿轮的几何尺寸和基本参数的关系

渐开线标准直齿轮除了基本参数是标准值外,还有 2 个特征:

(1) 分度圆齿厚与齿槽宽相等,即

$$s = e = \frac{m\pi}{2} = \frac{p}{2}$$

(2) 具有标准的齿顶高和齿根高,即

$$h_a = h_a^* \cdot m \qquad h_f = (h_a^* + c^*) m$$

不具备上述特征的齿轮称为非标准齿轮。

渐开线标准直齿轮的几何尺寸计算公式如表 6-3 所示。

机械原理

表 6-3　渐开线标准直齿圆柱齿轮几何尺寸计算公式

基本参数		z, a, m, h_a^*, c^*
名称	符号	公式
分度圆直径	d	$d_i = mz_i, i = 1, 2,$ 下同
齿顶高	h_a	$h_a = h_a^* m$
齿根高	h_f	$h_f = (h_a^* + c^*)m$
全齿高	h	$h = h_a + h_f = (2h_a^* + c^*)m$
齿顶圆直径	d_a	$d_{ai} = d_i \pm 2h_a = (z_i \pm 2h_a^*)m$
齿根圆直径	d_f	$d_{fi} = d_i \mp 2h_f = (z_i \mp 2h_a^* \mp 2c^*)m$
基圆直径	d_b	$d_{bi} = d_i \cos\alpha = mz_i \cos\alpha$
齿距	p	$p = \pi m$
齿厚	s	$s = \pi m/2$
槽宽	e	$e = \pi m/2$
中心距	a	$a = \dfrac{1}{2}(d_2 \pm d_1) = \dfrac{m}{2}(z_2 \pm z_1)$[1]
顶隙	c	$c = c^* m$
基圆齿距	p_b	$p_a = p_b = \pi m \cos\alpha$[2]
法向齿距	p_a	

说明：①　上面符号用于外齿轮；下面符号用于内齿轮。
　　　　中心距计算公式中上面符号用于外啮合齿轮传动；下面符号用于内啮合齿轮传动。
　　　②　因为 $z p_b = \pi d_b = \pi mz\cos\alpha$，所以 $p_b = \pi m\cos\alpha$。

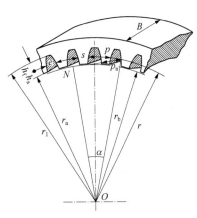

图 6-8　内齿轮

由标准齿轮的几何尺寸计算可知，对于齿数 z、齿顶高系数 h_a^*、顶隙系数 c^* 和分度圆压力角 α 均相同的齿轮，模数不同，其几何尺寸也不同。模数就相当于一个齿轮的"长度比例参数"，模数越大，齿轮的尺寸就越大。

6.3.2　内齿轮

图 6-8 为一直齿内齿轮的一部分，它与外齿轮的不同点是：

（1）内齿轮的齿顶圆小于分度圆，齿根圆大于分度圆。

（2）内齿轮的齿廓是内凹的，其齿厚和槽宽分别对应于外齿轮的槽宽与齿厚。

除此之外,为了使一个外齿轮与一个内齿轮组成的内啮合齿轮传动正确,内齿轮的齿顶圆必须大于基圆。

6.3.3 齿条

图 6-9 所示为一标准齿条。当标准外齿轮的齿数增加到无穷多时,齿轮上的基圆和其他圆变成了互相平行的直线,同侧渐开线齿廓变成了互相平行的斜直线齿廓,这样就成了齿条。齿条与齿轮相比主要有以下两个特点:

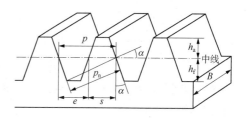

图 6-9 标准齿条

(1) 由于齿条齿廓是直线,所以齿廓上各点的法线是平行的。又由于齿条在传动时做平动,齿廓上各点速度的大小和方向都相同。所以齿条齿廓上各点的压力角都相同,且等于齿廓的倾斜角,此角称为齿形角,标准值为 20°。

(2) 与齿顶线平行的各直线上的齿距都相同,模数为同一标准值,其中齿厚与槽宽相等且与齿顶线平行的直线称为中线,它是确定齿条各部分尺寸的基准线。

标准齿条的齿廓尺寸 $h_a = h_a^*$,$h_f = (h_a^* + c^*)m$,与标准齿轮相同。

6.4 渐开线标准直齿圆柱齿轮的啮合传动

6.4.1 正确啮合条件

齿轮传动时,一对轮齿的啮合只能使主、从动齿轮各转过有限的角位移,而依靠若干对轮齿一对接一对地依次啮合,才能实现齿轮的连续传动。若有两对轮齿同时参加啮合,则两对齿工作一侧齿廓的啮合点必须同时在啮合线上,如图 6-10 所示。为了保证前后两对轮齿传动时能够同时在啮合线上接触,既不发生分离,也不出现干涉,轮 1 和轮 2 相邻两齿同侧齿廓沿法线的距离应相等,也就是说要保证两齿轮正确啮合,两齿轮在啮合线上的法向齿距必须相等,即

$$p_{n1} = p_{n2} \qquad (6-7)$$

式(6-7)就是一对相啮合齿轮的轮齿分布要满足的几何条件,称为齿轮传动的正确啮合条件。

由渐开线的性质可知,齿轮法向齿距等于基

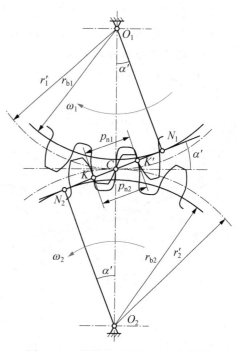

图 6-10 齿轮传动的正确啮合条件

圆齿距,故上式可写成 $p_{b1}=p_{b2}$。由于 $p_b=\pi m\cos\alpha$,则有

$$m_1\cos\alpha=m_2\cos\alpha$$

式中 m_1、m_2 和 α_1、α_2 分别为两轮的模数和压力角。由于齿轮的模数和压力角都已标准化,故要使上式成立,可以用

$$m_1=m_2=m$$
$$\alpha_1=\alpha_2=\alpha \tag{6-8}$$

来保证两轮法向齿距相等。所以两齿轮正确啮合的条件可表述为:两齿轮的模数和压力角分别相等。

6.4.2 无齿侧间隙啮合条件

1. 无齿侧间隙啮合

由于一对齿轮传动时,相当于两个节圆做无滑动的纯滚动,因此,两齿轮的节圆齿距应相等。为了使齿轮在正转和反转两个方向的传动中避免撞击,要求相啮合的轮齿齿侧没有间隙。为了保证无齿侧间隙啮合,一齿轮的节圆齿厚 s_1 必须等于另一齿轮的节圆齿槽宽 e_2,即

$$s_1=e_2 \text{ 或 } s_2=e_1$$

这就是一对齿轮无齿侧间隙啮合的几何条件。在工程实际中,考虑到齿轮加工和安装时均有误差,以及齿面滑动摩擦会导致热膨胀等因素,实际应用的齿轮传动应具有适当的侧隙,但此侧隙是通过规定齿厚、中心距等的公差来实现的。因此在进行齿轮机构的运动设计时,仍应按无齿侧间隙的情况来设计。实际存在的侧隙大小是衡量齿轮传动质量的指标之一。

2. 标准齿轮的标准安装

由于标准齿轮的分度圆齿厚与槽宽相等,即

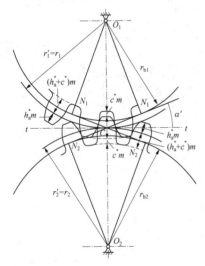

图 6-11 标准齿轮的标准安装

$$s_1=e_2=s_2=e_1=\frac{\pi m}{2} \tag{6-9}$$

因此,当满足正确啮合条件的一对外啮合标准直齿圆柱齿轮的分度圆相切,即分度圆充当节圆时,正好满足无齿侧间隙啮合的几何条件。如图 6-11 所示,此时两轮基圆内公切线 N_1N_2 通过切点即节点 C,分度圆与节圆重合,啮合角等于分度圆压力角。两轮的中心距为

$$a=r'_1+r'_2=r_1+r_2=\frac{m}{2}(z_1+z_2) \tag{6-10}$$

该中心距称为标准中心。

对于标准齿轮,其齿顶圆半径和齿根圆半径分别为

$$r_{ai}=r_i+h_a^*m$$

$$r_{fi} = r_i - (h_a^* + c^*)m \qquad (i = 1, 2)$$

因此,一对外啮合齿轮的标准中心距还可以表示为

$$a = r_{a1} + r_{f2} + c^*m = r_{a2} + r_{f1} + c^*m$$

上式说明在一轮齿顶与另一轮齿根之间有径向间隙 $c = c^*m$, c^*m 称为标准顶隙,它是为储存润滑油以润滑齿廓表面而设置的。

上述这种标准齿轮的安装情况称为标准安装。

当一对标准齿轮的实际中心距大于标准中心距,即 $a' > a$ 时,称为非标准安装,此时节圆与分度圆分离, $a' > a$,顶隙大于 c^*m 时,齿侧产生了间隙。

3. 标准齿轮与齿条的标准安装

当标准齿轮与齿条做无齿侧间隙啮合传动时,由于标准齿轮分度圆上的齿厚等于槽宽,齿条中线上的齿厚也等于槽宽,且均等于 $\dfrac{\pi m}{2}$,所以根据无齿侧间隙啮合条件,齿轮分度圆与齿条中线必然相切,如图 6-12 中实线所示。此时,齿轮分度圆与节圆重合,齿条中线与节线重合,啮合角 α' 等于分度圆压力角 α。这种情况称为标准安装。

如果把齿条由图 6-12 所示实线位置径向移动一段距离,至图中虚线位置,此距离用模数的 x 倍表示,即移距 xm,这时齿轮和齿条将只有一侧接触,另一侧将出现间隙。由于齿条齿廓各点压力角均为 α,啮合线没有变,节点 C

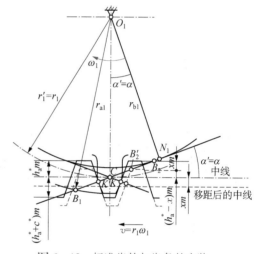

图 6-12 标准齿轮与齿条的安装

也没有变,所以 $O_1C = r$, $\alpha' = \alpha$,齿轮分度圆仍然与节圆重合,但齿条中线与节线不再重合,而平移了 xm 距离。这种安装称为非标准安装。

综上所述,当齿轮与齿条啮合传动时,无论是标准安装(无齿侧间隙),还是非标准安装(有齿侧间隙),都具有下述两个特点:

(1) 齿轮分度圆永远与节圆重合,即 $r_1' = r_1$。

(2) 啮合角 α' 永远等于分度圆压力角,即 $\alpha' = \alpha$。

这 2 个重要特点在齿轮加工中具有重要意义。

6.4.3 连续传动条件

1. 轮齿啮合过程

图 6-13 所示为一对轮齿的啮合过程。主动轮 1 顺时针方向转动,推动从动轮 2 逆时针方向转动,从动轮齿顶圆与啮合线 N_1N_2 的交点 B_2 是一对轮齿啮合的起始点,这时主动

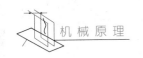

轮的齿根与从动轮的齿顶接触,如图 6-13(a)所示,随着啮合传动的进行,两齿廓的啮合点将沿着啮合线向左下方移动,到达节点 C,如图 6-13(b)所示,一直到主动轮 1 的齿顶圆与啮合线 N_1N_2 的交点 B_1 时,两轮齿即将脱离接触,故点 B_1 为两轮齿的啮合终止点,如图 6-13(c)所示。

从一对轮齿的啮合过程来看,啮合点实际走过的轨迹只是啮合线上的一段,即 $\overline{B_2B_1}$,所以把 $\overline{B_2B_1}$ 称为实际啮合线。当两轮齿顶圆加大时,点 B_2 和 B_1 将分别趋近于点 N_1 和 N_2,实际啮合线将加长,但因基圆内无渐开线,所以实际啮合线不会超过 N_1N_2,即 N_1N_2 是理论上可能的最长啮合线,称为理论啮合线。

由上面的分析可知,在两轮轮齿啮合的过程中,并非全部齿廓都参加工作,而只是限于从齿顶到齿根的一段齿廓参与啮合,实际上参与啮合的这段齿廓称为齿廓工作段,如图 6-13(c)中的阴影线部分所示。

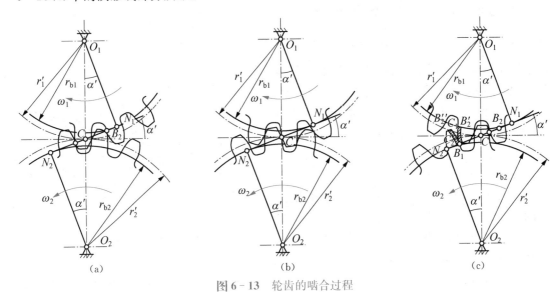

图 6-13 轮齿的啮合过程

2. 连续传动条件

为了使一对渐开线齿轮连续不间断地传动,要求前一对轮齿终止啮合前,后续的一对轮齿必须进入啮合。如图 6-14(a)所示,一对渐开线齿轮的法向齿距相等,但 $\overline{B_2B_1} < p_n$,当前一对轮齿在点脱离啮合时,后一对轮齿尚未进入啮合,结果将使传动瞬时中断,从而引起冲击,影响传动的平稳性。

在图 6-14(b)中,一对齿轮的实际啮合线正好等于其法向齿距,$\overline{B_2B_1} = p_n$,当前一对轮齿在点 B_1 即将脱离啮合时,后一对轮齿正好在点 B_2 进入啮合,表明传动刚好连续,在传动过程中,始终有一对轮齿啮合。

由图 6-14(b)可以看出,为达到连续传动的目的,实际啮合线段 $\overline{B_2B_1}$ 应大于或至少等

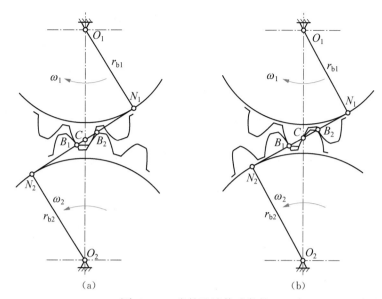

图 6 - 14 齿轮连续传动条件

于齿轮的法向齿距 p_n。一对渐开线齿轮的实际啮合线长度 $\overline{B_2 B_1}$ 与轮齿的法向齿距 p_n 之比 ε_α 称为齿轮传动的重合度。所以齿轮连续传动的条件为

$$\varepsilon_\alpha = \frac{\overline{B_2 B_1}}{p_n} \geqslant 1 \qquad\qquad (6-11)$$

从理论上讲，重合度 $\varepsilon_\alpha = 1$ 就能保证齿轮的连续传动，但考虑到制造和安装的误差，为了确保齿轮传动的连续，应该使计算所得的重合度 $\varepsilon_\alpha > 1$。在实际应用中 ε_α 应大于或至少等于许用值 $[\varepsilon_\alpha]$，即

$$\varepsilon_\alpha > [\varepsilon_\alpha]$$

推荐的 ε_α 许用值如表 6 - 4 所示。

表 6 - 4 $[\varepsilon_\alpha]$ 的推荐值

齿轮精度	$[\varepsilon_\alpha]$ 的推荐值	制造业	$[\varepsilon_\alpha]$ 的推荐值
Ⅰ级精度齿轮	1.05	汽车拖拉机制造业	1.1～1.2
Ⅱ级精度齿轮	1.08	机床制造业	1.3
Ⅲ级精度齿轮	1.15	纺织机器制造业	1.3～1.4
Ⅳ级精度齿轮	1.35	一般机器制造业	1.4

3. 重合度计算

由图 6 - 15 可知，

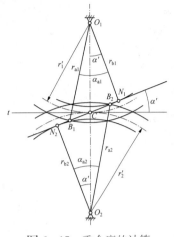

图 6 - 15   重合度的计算

$$\overline{B_1 B_2} = \overline{B_1 C} + \overline{CB_2}$$

$$\overline{B_1 C} = r_{b1}(\tan\alpha_{a1} - \tan\alpha')$$

$$\overline{CB_2} = (\tan\alpha_{a2} - \tan\alpha')$$

式中，α' 为啮合角，和 α_{a1}，α_{a2} 分别为齿轮 1 和齿轮 2 的齿顶圆压力角。

将 $\overline{B_2 B_1}$ 的表达式和 $p_n = \pi m \cos\alpha$ 代入式(6 - 11)，可得外啮合齿轮传动的重合度计算公式：

$$\varepsilon_\alpha = \frac{\overline{B_2 B_1}}{p_n}$$

$$= \frac{1}{2\pi}\left[z_1(\tan\alpha_{a1} - \tan\alpha') + z_2(\tan\alpha_{a2} - \tan\alpha')\right]$$

$$(6 - 12)$$

对于内啮合齿轮传动，用类似的方法可导出其重合度计算公式

$$\varepsilon_\alpha = \frac{\overline{B_2 B_1}}{p_n} = \frac{1}{2\pi}\left[z_1(\tan\alpha_{a1} - \tan\alpha') + z_2(\tan\alpha' - \tan\alpha_{a2})\right]$$

当齿轮齿条啮合传动时，由图 6 - 12 中的实线位置可知 $\overline{CB_2} = h'_a m / \sin\alpha$，由此

$$\varepsilon_\alpha = \frac{\overline{B_2 B_1}}{p_n} = \frac{z_1}{2\pi}(\tan\alpha_{a1} - \tan\alpha') + \frac{2h'_a}{\pi\sin 2\alpha} \qquad (6 - 13)$$

由式(6 - 12)～式(6 - 16)可以看出，ε_α 与模数无关，随着齿数的增多而加大。如果假想将两轮的齿数增加而趋于无穷大，则 ε_α 将趋于理论极限值 $\varepsilon_{\alpha max}$。由于此时

$$\overline{B_1 C} = \overline{CB_2} = \frac{h'_a m}{\sin\alpha} \qquad (6 - 14)$$

所以

$$\varepsilon_{\alpha max} = \frac{4h'_a}{\pi\sin 2\alpha} \qquad (6 - 15)$$

当 $\alpha = 20°$ 及 $h'_a = 1$ 时，$\varepsilon_{\alpha max} = 1.981$。

可见正常齿制的标准直齿圆柱齿轮的重合度极限值为 1.981，即最多有两对齿同时啮合。事实上，由于两轮均变为齿条，将吻合成一体而无啮合运动，所以这个理论极限值是不可能达到的。

一对齿轮啮合传动时，其重合度的大小表明了同时参与啮合的轮齿对数的多少。如图 6 - 16 所示，$\varepsilon_\alpha = 1.67$，表示有时是一对轮齿啮合，有时是两对轮齿啮合。在实际

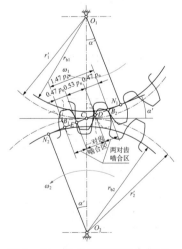

图 6 - 16   重合度和同时参与啮合的轮齿对数的关系

啮合线 $\overline{B_2 D}$ 和 $\overline{EB_1}$ 这两段长度上,有两对轮齿同时参与啮合,而在 $\overline{DE}$ 段长度上只有一对轮齿参与啮合。我们把 $\overline{DE}$ 段称为一对齿啮合区,而把 $\overline{B_2 D}$ 和 $\overline{EB_1}$ 段称为两对齿啮合区。齿轮传动的重合度愈大,表明双齿啮合区愈长,传动愈平稳,每对轮齿所承受的载荷愈小,因此,重合度是衡量齿轮传动性能的重要指标之一。

6.5 渐开线齿轮的范成加工及渐开线齿廓的根切

6.5.1 范成法加工齿轮的基本原理

齿轮加工的方法很多,其中范成法是应用最广泛的齿轮加工方法。范成法(又称共轭法或包络法)是指利用一对齿轮做无侧隙啮合传动时,两轮的齿廓互为包络线的原理来加工齿轮,其中一个齿轮(或齿条)作为刀具,另一个齿轮作为被加工的齿轮坯,如图6-17所示。范成法加工齿轮的刀具有齿轮插刀、齿条插刀和齿轮滚刀,它们的切齿原理基本相同。刀具相对被切齿轮坯做确定的相对运动,刀具齿廓在齿轮坯上切制出被加工齿轮轮齿的齿廓。

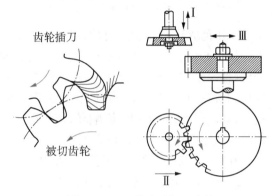

图 6 - 17 用范成法加工齿轮

本节仅介绍范成法中用齿条刀具切制齿轮的工作原理。图6-18为一标准齿条型刀具的齿廓。与标准齿条相比,刀具轮齿的顶部高出 $c^* m$ 一段,用以切制出被加工齿轮的顶隙。这一部分齿廓不是直线,而是半径为 ρ 的圆角刀刃,用于切制被加工齿轮靠近齿根圆的过渡曲线,这段过渡曲线不是渐开线。在正常情况下,齿廓的过渡曲线是不参与啮合的。

采用标准齿条型刀具切制标准齿轮时,齿条刀具与轮坯的距离应该符合标准安装的规定,即刀具中线与被加工齿轮分度圆相切,如图6-19所示。图中点 N_1 是轮坯基圆与啮合线的切点,称为啮合极限点。

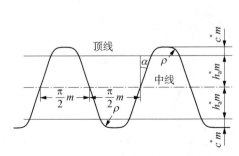

图 6 - 18 标准齿条型刀具的齿廓

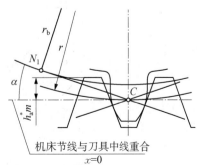

图 6 - 19 用标准齿条型刀具切制标准齿轮

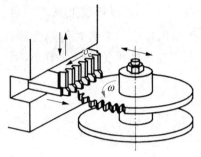

图 6-20　齿条插刀切制齿轮

图 6-20 所示为用齿条插刀切削齿轮的情况。齿条插刀与轮坯的范成运动相当于齿轮齿条的啮合运动,齿条的移动速度为

$$v_c = r\omega = \frac{mz}{2}\omega$$

上式即用齿条型刀具加工齿轮的运动条件。由该式可知,只有当刀具的移动速度与轮坯的转动角速度满足上述关系时,才能加工出所需齿数的齿轮,即被加工齿轮的齿数 z 取决于 v_c 与 ω 的比值。

6.5.2　渐开线齿廓的根切现象

采用范成法加工渐开线齿轮时,有时刀具的顶部会过多地切入轮齿根部,从而将齿根部分已经切制好的渐开线齿廓切去一部分,这种现象称为渐开线齿廓的根切现象,如图 6-21 所示。产生根切的齿轮,直接导致轮齿的抗弯强度下降;也使实际啮合线缩短,从而使得重合度降低,影响传动的平稳性。因此,在设计齿轮传动时应尽量避免产生根切现象。

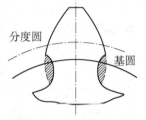

图 6-21　齿廓根切现象

在图 6-22 中,被加工齿轮分度圆与刀具中线做无滑动的纯滚动, $v_刀 = r\omega$。 由一对轮齿的啮合过程可知,刀具刀刃将从啮合线与被切齿轮齿顶圆的交点 B_1 处开始切削被切齿轮的渐开线齿廓,切制到啮合线与刀具齿顶线的交点 $B_刀$ 处结束。若点 $B_刀$ 在点 N_1 的下方,则当刀具的刀刃从点 B_1 移至点 $B_刀$ 时,被切齿轮的渐开线齿廓部分已被全部切出。若点 $B_刀$ 与点 N_1 重合,则被加工齿轮基圆以外的齿廓将全部为渐开线。若刀具齿顶线(即点 $B_刀$)在极限啮合点 N_1 的上方,则刀具将会把被加工齿轮的齿根部分已经切制好的渐开线齿廓切去一部分,从而产生根切。可以证明,只要齿条刀具齿顶线超过被加工齿轮的基圆与啮合线的切点 N_1,即 $\overline{CB_刀} > \overline{CN_1}$,就会发生根切现象。

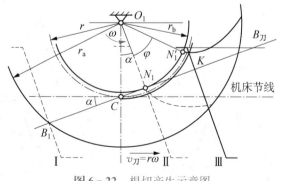

图 6-22　根切产生示意图

6.5.3 用标准齿条型刀具切制标准齿轮不发生根切的最少齿数

加工标准齿轮时,齿条刀具中线与齿轮分度圆相切,点位置已经确定。齿轮齿数越少,分度圆和基圆越小,N_1点下移。当N_1点与$B_刀$点重合($\overline{CB_刀}=\overline{CN_1}$)时,正好不发生根切,此时的齿数称为标准齿轮不发生根切的最少齿数,用z_{min}表示。由图6-22可得

$$\overline{CB_刀}=\frac{h_a^* m}{\sin\alpha}$$

$$\overline{CN_1}=r\sin\alpha=\frac{mz}{2}\sin\alpha$$

将上述两式代入$\overline{CB_刀}=\overline{CN_1}$,可得

$$z_{min}=\frac{2h_a^*}{\sin^2\alpha} \tag{6-16}$$

当$h_a^*=1$,$\alpha=20°$时,$z_{min}=17$。这说明用齿条型刀具加工标准齿轮不发生根切的最少齿数为17。

6.6 渐开线变位齿轮

6.6.1 变位齿轮的概念

在用齿条型刀具加工齿轮时,若不采用标准安装,而是将刀具远离或靠近轮坯回转中心,则刀具的中线不再与被加工齿轮的分度圆相切。这种采用改变刀具与被加工齿轮相对位置来加工齿轮的方法称为变位修正法。采用这种方法加工的齿轮称为变位齿轮。刀具移动的距离xm称为变位量,z称为变位系数。

若将刀具中线与被加工齿轮分度圆相切位置远离轮坯中心移动一段径向距离xm,则称为正变位,加工出来的齿轮称为正变位齿轮,$xm>0$,$x>0$,如图6-23所示。若将刀具中线靠近轮坯中心移动一段径向距离xm,则称为负变位,加工出来的齿轮称为负变位齿轮,$xm<0$,$x<0$,如图6-24所示。

对于齿数少于z_{min}的齿轮,为了避免根切,可以采用正变位,使刀具齿顶线不超过N_1点。刀具最小变位量应使刀具齿顶线通过N_1点,如图6-25所示。此时的变位系数称为最小变位系数,用x_{min}表示。当变位系数为x时,$\overline{CB_刀}$可表达为

$$\overline{CB_刀}=\frac{(h_a^*-x)m}{\sin\alpha}$$

根据不发生根切的几何条件$\overline{CB_刀}\leqslant\overline{CN_1}$,可得

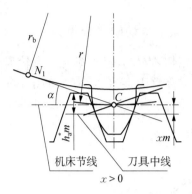

图 6-23 加工正变位齿轮图

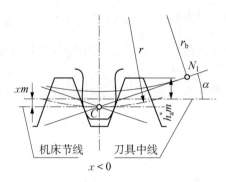

图 6-24 加工负变位齿轮

$$x \geqslant h_a^* - \frac{z}{2}\sin^2\alpha \qquad (6-17)$$

则不发生根切的最小变位系数为

$$x_{min} = h_a^* - \frac{z}{2}\sin^2\alpha \qquad (6-18)$$

当 $h_a^* = 1$，$\alpha = 20°$ 时，

$$x_{min} = \frac{17-z}{17} \qquad (6-19)$$

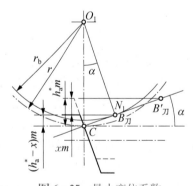

图 6-25 最小变位系数

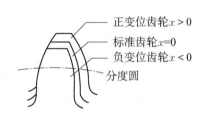

图 6-26 标准齿轮与变位齿轮齿廓的关系

由上式可知,对于 $\alpha = 20°$, $h_a^* = 1$ 的正常齿齿轮,当其齿数 $z < 17$ 时, x_{min} 为正值,这说明为了避免根切,要采用正变位,其变位系数 $x \geqslant x_{min}$ 当其齿数 $z > 17$ 时, x_{min} 为负值,这说明该齿轮在 $x \geqslant x_{min}$ 的条件下采用负变位也不会根切。

由标准加工和变位加工出来的齿数相同的齿轮,虽然其齿顶高、齿根高、齿厚和槽宽各不相同,但是其模数、压力角、分度圆、齿距和基圆均相同。它们的齿廓曲线是由相同基圆展出的渐开线,只不过截取的部位不同,如图 6-26 所示。与标准齿轮相比:

(1) 正变位齿轮的齿根厚度增大,轮齿的抗弯能力增强。但正变位齿轮的齿顶厚度减少,因此,变位量不宜过大,以免造成齿顶变尖。

（2）负变位齿轮的齿根厚度减小,轮齿的抗弯能力降低。

6.6.2 变位齿轮几何尺寸的变化

1. 分度圆齿厚和槽宽

图 6-27 所示为标准齿条型刀具加工正变位齿轮的情况,刀具中线远离轮坯中心移动了 xm 的距离,即径向变位量 $xm>0$。从图中可以看出,刀具节线上的齿厚较刀具中线上的齿厚减小了 $2\overline{KJ}$。由于用范成法加工齿轮的过程相对齿轮齿条做无齿侧间隙啮合传动,轮坯分度圆与刀具节线做纯滚动,所以被加工齿轮分度圆上的槽宽 e 应等于刀具节线上的齿厚,即被加工齿轮分度圆上的槽宽也减少了 $2\overline{KJ}$,即 $e=\dfrac{\pi m}{2}-2\overline{KJ}$。可知,$\overline{KJ}=xm\tan\alpha$ 因此,正变位齿轮分度圆上的槽宽为

$$e=\frac{\pi m}{2}-2\overline{KJ}=\left(\frac{\pi}{2}-2x\tan\alpha\right)m \qquad (6-20)$$

而分度圆齿厚为

$$s=\frac{\pi m}{2}+2\overline{KJ}=\left(\frac{\pi}{2}+2x\tan\alpha\right)m \qquad (6-21)$$

对于负变位齿轮也可用上述两式计算,只须将式中径向变位系数 x 用负值代入即可。

2. 任意半径圆上的齿厚

图 6-28 中 $\overset{\frown}{CC}$ 是任意半径 r_i 圆上的齿厚,其所对中心角为 φ_i，θ_i 是渐开线上点 C 的展角,α_i 是渐开线在点 C 的压力角。$\overset{\frown}{BB}$ 是分度圆齿厚,α 是分度圆压力角,θ 是渐开线上点 B 的展角。由图可知

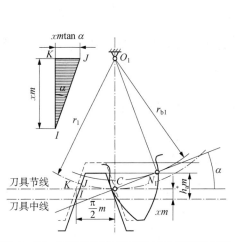

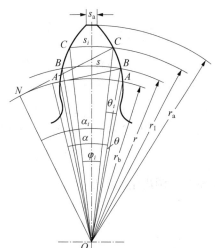

图 6-27 用标准齿条型刀具加工正变位齿轮　　图 6-28 任意半径圆上的齿厚

$$s_i = \overset{\frown}{CC} = r_i \varphi_i$$

$$\varphi_i = \angle BOB - 2\angle BOC = \frac{s}{r} - 2(\theta_i - \theta) = \frac{s}{r} - 2(\text{inv}\,\alpha_i - \text{inv}\,\alpha)$$

所以，

$$s = s\frac{r_i}{r} - 2r_i(\text{inv}\,\alpha_i - \text{inv}\,\alpha) \qquad (6-22)$$

根据上式可得齿顶圆齿厚为

$$s_a = s\frac{r_a}{r} - 2r_a(\text{inv}\,\alpha_a - \text{inv}\,\alpha) \qquad (6-23)$$

式中，α_a 为齿顶圆压力角。节圆齿厚为

$$s' = s\frac{r'}{r} - 2r'(\text{inv}\,\alpha' - \text{inv}\,\alpha) \qquad (6-24)$$

其中，r' 为节圆半径，α' 为节圆压力角。

基圆齿厚为

$$s_b = s\frac{r_b}{r} + 2r_b\text{inv}\,\alpha = \cos\alpha(s + mz\text{inv}\,\alpha) \qquad (6-25)$$

在计算上述各齿厚时，式中的 s 为分度圆齿厚。对于标准齿轮，$s = \frac{\pi m}{2}$；对于变位齿轮：

$$s = \frac{\pi m}{2} + 2xm\tan\alpha$$

6.6.3 变位齿轮的啮合传动

当变位齿轮啮合传动时，与标准齿轮啮合传动一样，必须满足前述的正确啮合条件、无侧隙啮合条件及连续传动条件，另外，还要尽可能地保证标准顶隙。

1. 无齿侧间隙啮合方程式

一对相啮合的齿轮为了实现无齿侧间隙啮合，必须满足下列条件：

$$s'_1 = e'_2 \text{ 及 } s'_2 = e'_1$$

因此，两轮的节圆齿距应满足

$$p' = s'_1 + e'_1 = s'_2 + e'_2 = s'_1 + s'_2 \qquad (6-26)$$

由式(6-26)可得

$$s'_i = s_i\frac{r'_i}{r_i} - 2r'_i(\text{inv}\,\alpha' - \text{inv}\,\alpha)$$

式中

$$s_i = \frac{\pi m}{2} + 2x_i m \tan \alpha$$

$$r_i = \frac{mz_i}{2}$$

$$r'_i = \frac{r_i \cos \alpha}{\cos \alpha'} \quad (i = 1, 2)$$

而

$$p'_1 = \frac{2\pi r'_i}{z_1} = \pi m \frac{\cos \alpha}{\cos \alpha'} = p'_2 = p'$$

将以上各式代入式(6-26),整理后可得

$$\text{inv } \alpha' = \frac{2(x_1 + x_2) \tan \alpha}{z_1 + z_2} + \text{inv } \alpha \qquad (6-27)$$

该式称为无齿侧间隙啮合方程式,它反映了一对相啮合齿轮的变位系数之和($x_1 + x_2$)与啮合角之间的关系。

2. 中心距与中心距变动系数

一对变位齿轮无侧隙啮合时,其中心距 a' 为

$$a' = r'_1 + r'_2 = (r_1 + r_2) \frac{\cos \alpha}{\cos \alpha'} = a \frac{\cos \alpha}{\cos \alpha'} \qquad (6-28)$$

上式与式(6-27)是变位齿轮传动设计的基本关系式,通常成对使用。若已知 $(x_1 + x_2)$,可先由式(6-27)求出 a',再由式(6-28)求出 a';若已知 a',可先由式(6-28)求出 a',再由式(6-27)求出 $(x_1 + x_2)$。

实际中心距 a' 与标准中心距 a 的差值用 y_m 表示,即

$$y_m = a' - a \qquad (6-29)$$

式中,m 为模数;y 为中心距变动系数。

3. 齿高变动系数和齿顶圆半径

加工变位齿轮时,刀具中线与节线分离,移动了 xm,故变位齿轮的齿根高为

$$h_f = (h_a^* + c^* - x)m \qquad (6-30)$$

由于变位齿轮的齿根高发生了变化,若要保持全齿高不变,即 $h = (2h_a^* + c^*)m$,则齿顶高应为

$$h_a = (h_a^* + x)m$$

一对变位齿轮传动时,既要求两轮无齿侧间隙,又要求两轮间具有标准顶隙。

为了保证两轮做无齿侧间隙啮合传动，两轮的中心距 a' 应为

$$a' = a + ym$$

为了保证两轮间具有标准顶隙 c^*m，两轮的中心距 a'' 应为

$$
\begin{aligned}
a'' &= r_{a1} + r_{f2} + c^*m \\
&= r_{a1} + (h_a^* + x_1)m + r_2 - (h_a^* + c^* - x_2)m + c^*m \\
&= a + (x_1 + x_2)m
\end{aligned}
$$

由以上两式可以看出，如果 $y = x_1 + x_2$，则 $a' = a''$，就可以同时满足无侧隙条件和标准顶隙条件。但是可以证明，只要 $x_1 + x_2 \neq 0$，就必有 $y < x_1 + x_2$，即 $a' < a''$。为了在实现无齿侧间隙啮合的同时，仍有标准顶隙，工程实际中采用如下办法：两轮按无侧隙中心距 a' 安装，而将两轮的齿顶高各削去一段 Δym，以保证满足标准顶隙的要求。此处 m 为模数，称为齿高变动系数，其值为

$$\Delta y = x_1 + x_2 - y \tag{6-31}$$

这时，齿轮的齿顶高应按下式计算：

$$h_a = (h_a^* + x - \Delta y)m \tag{6-32}$$

由于齿顶高尺寸发生了变化，故相应的齿顶圆半径应为

$$r_a = \frac{mz}{2} + (h_a^* + x - \Delta y)m$$

6.7　渐开线直齿圆柱齿轮的传动设计

6.7.1　传动类型及其选择

按照一对齿轮变位系数之和 $x_1 + x_2$ 的不同，齿轮传动可分为零传动（$x_1 + x_2 = 0$）、正传动（$x_1 + x_2 > 0$）和负传动（$x_1 + x_2 < 0$）3 种类型。

1. 零传动

零传动又分为标准齿轮传动和高度变位齿轮传动。

1）标准齿轮传动

两轮变位系数都为零，即 $x_1 = x_2 = 0$。当两标准齿轮做无齿侧间隙啮合传动时，啮合角等于分度圆压力角，节圆与分度圆重合，中心距等于两轮分度圆半径之和。为了避免根切，两轮的齿数必须满足 $z_1 \geqslant z_{min}$ 和 $z_2 \geqslant z_{min}$ 的条件。

这种齿轮传动虽然具有设计计算简单、重合度较大、不会发生过渡曲线干涉和齿顶厚度较大等优点，但也存在一些较严重的缺点：

（1）抗弯曲强度能力较弱。由于基圆齿厚随齿数 z 的减少而减薄，所以小齿轮的基圆

齿厚比大齿轮基圆齿厚小,小齿轮根部成为抗弯曲强度的薄弱环节,容易发生损坏,从而限制了一对齿轮的承载能力和使用寿命。

(2) 齿廓表面沿齿高方向的磨损不均匀,齿根部分磨损严重,尤其是小齿轮齿根部分磨损更严重。

(3) 小齿轮齿数受到不发生根切条件的限制,因而限制了结构尺寸的减小和重量的减轻。

(4) 在齿轮变速箱中,两根轴常常有两对及两对以上的齿轮传动,它们的标准中心距往往不等。当 $a' > a$ 时,变速箱产生齿侧间隙,而且重合度也会减小,影响齿轮传动的平稳性。当 $a' < a$ 时,变速箱无法安装。

2) 高度变位齿轮传动(或称等变位齿轮传动)

这种齿轮传动中两轮的变位系数之和 $x_1 + x_2 = 0$,但 $x_1 = -x_2 \neq 0$。由无齿侧间隙啮合方程式、中心距与啮合角关系式、中心距变动系数计算式和齿高变动系数计算式可知,啮合角 $a' = \alpha$,中心距 $a' = a$,以及 $y = \dfrac{a' - a}{m} = 0$,$\Delta y = x_1 + x_2 - y = 0$。这表明当两轮做无齿侧间隙啮合传动时,啮合角等于分度圆压力角,节圆与分度圆重合。在这种传动中,虽然两轮的全齿高不变,但每个齿轮的齿顶高和齿根高已不是标准值,它们分别为

$$h_{ai} = (h_a^* + x_i)m$$
$$h_{fi} = (h_a^* + c^* - x_i)m \quad (i = 1, 2)$$

故这种齿轮传动称为高度变位齿轮传动。又由于 2 个齿轮的变位量绝对值相等,所以又称为等变位齿轮传动。

为了使两个齿轮都不发生根切,两轮的齿数必须满足以下条件:

$$z_i \geqslant \frac{2(h_a^* - x_i)}{\sin^2 \alpha}$$
$$z_1 + z_2 \geqslant \frac{4h_a^* - 2(x_1 + x_2)}{\sin^2 \alpha}$$

因为 $x_1 + x_2 = 0$,所以

$$z_1 + z_2 \geqslant \frac{4h_a^*}{\sin^2 \alpha}$$

当 $h_a^* = 1$,$\alpha = 20°$ 时

$$z_1 + z_2 \geqslant 2z_{min} = 34$$

上式表明,在高度变位齿轮传动中,两轮的齿数之和必须大于或等于两倍的不发生根切的最少齿数。

在一对齿数不等的高度变位齿轮传动中,通常小齿轮采用正变位,大齿轮采用负变位。

与标准齿轮传动相比,这种传动有以下优点:

(1) 可以减小机构的尺寸。因为小齿轮正变位,其齿数 z_1 可以少于 z_{1min} 而不产生根切,

在传动比一定的情况下,大齿轮的齿数可以相应减少,从而减小齿轮机构尺寸。

(2) 可以相对地提高两轮的承载能力。由于小齿轮正变位,齿根厚度增加。虽然大齿轮由于负变位而齿根有所减弱,但是只要适当地选取变位系数,就可以使大、小齿轮的抗弯曲能力接近,从而相对地提高齿轮传动的承载能力。

(3) 可以改善齿轮的磨损情况。由于小齿轮正变位,齿顶圆半径增大了;大齿轮负变位,齿顶圆半径减小了,这样就使实际啮合线向远离 N_1 点的方向移动一段距离,从而减轻了小齿轮齿根部的齿面磨损。

由以上分析可知,与标准齿轮传动相比,高度变位齿轮传动具有较多的优点,因此,在中心距为标准中心距的情况下,应该优先考虑采用高度变位齿轮传动,以改善传动性能。但是,小齿轮正变位,齿顶易变尖;由于实际啮合线 $\overline{B_2B_1}$ 的位置在移动的同时有稍微缩短,重合度会略有下降。因此,在设计高度变位齿轮传动时,需要对 s_{a1} 和 ε_α 进行校核,保证 $s_{a1} \geqslant [s_a]$,$\varepsilon_\alpha \geqslant [\varepsilon_\alpha]$。

2. 正传动

如果一对齿轮的变位系数之和大于零,则这种齿轮传动称为正传动。由于 $x_1 + x_2 > 0$,所以啮合角 $\alpha' > \alpha$,中心距 $a' > a$,$y > 0$,以及 $\Delta y = x_1 + x_2 - y > 0$。这表明在无齿侧间隙啮合传动时,节圆与分度圆不重合。因 $\Delta y > 0$ 故两轮的全齿高均比标准齿轮降低了 $\Delta y m$。

正传动有以下优点:

(1) 由于 $x_1 + x_2 > 0$,两轮齿数不受 $z_1 + z_2 \geqslant 2z_{min}$ 的限制,所以齿轮机构可以设计得更为紧凑。

(2) 由于两轮都可以正变位,所以使得两轮的齿根厚度均增加,从而提高了轮齿的抗弯能力。或者小齿轮正变位,大齿轮负变位,但 $x_1 > |x_2|$ 选择合适的变位系数也可以相对提高轮齿的抗弯能力。

(3) 由于 $a' > a$,所以在节点啮合时的齿廓综合曲率半径增加了,从而降低了齿廓接触应力,提高了接触强度。

(4) 适当选择两轮的变位系数 x_1 和 x_2,在保证无齿侧间隙啮合传动的情况下可配凑给定的中心距。

(5) 可以减轻轮齿磨损程度。由于啮合角增大和齿顶的降低,使得实际啮合线 $\overline{B_2B_1}$ 更加远离极限啮合点 N_1 和 N_2,从而可进一步减轻两轮齿根部的磨损。

但是,由于正传动的 $a' > a$,所以实际啮合线将会缩短,重合度会有所下降,因此,在设计正传动时,需要校核 ε_α,以保证 $\varepsilon_\alpha > [\varepsilon_\alpha]$,以保证此外,正变位齿轮的齿顶易变尖,在设计时也需要校核 s_a,以保证 $s_a \geqslant [s_a]$。

3. 负传动

若一对齿轮的变位系数之和小于零,则这种齿轮传动称为负传动。由于 $x_1 + x_2 < 0$,所以啮合角 $\alpha' < \alpha$,中心距 $a' < a$,$y < 0$,以及 $\Delta y > 0$。这表明在无齿侧间隙啮合传动时,它们的分度圆呈交叉状态。由于正传动的优点正好是负传动的缺点,因此负传动是一种缺点较多的传动。通常只是在给定的中心距 $a' < a$ 的情况下,才利用它来配凑中心距。此外,与其他传动相比,负传动的重合度会略有增加。需要注意的是,由于 $x_1 + x_2 < 0$,所以两轮的齿数之和必须大于 z_{min}。

由于正传动和负传动啮合角均不等于分度圆压力角,即啮合角发生了变化,所以这两种传动又统称为角变位齿轮传动。

以上介绍了各种齿轮传动的特点。可以看出,正传动的优点较多,传动质量较高。所以在一般情况下,应多采用正传动;负传动的缺点较多,除用于配凑中心距外,一般情况下尽量不用;在传动中心距等于标准中心距时,为了提高传动质量,可采用等变位齿轮传动代替标准齿轮传动。

6.7.2 齿轮传动设计的步骤

给定的原始数据不同,齿轮传动设计的步骤也有所不同,一般可归纳为 3 种主要情况:避免根切、配凑中心距和实现给定传动比。

1. 避免根切的设计

原始数据一般为 z_1,z_2,m,a,h_a^* 和 c^*。这类设计问题主要关注的是避免根切。由于没有给定实际中心距,故可兼顾提高齿轮的强度(弯曲强度、接触强度)和耐磨性。为此,优先选用零传动中的高度变位传动或正传动。其设计步骤如下:

(1) 选择传动类型。若 $z_1 + z_2 \leqslant 2z_{min}$,则必须选用正传动,否则可考虑选择其他类型传动。

(2) 选择变位系数 x_1 和 x_2。

(3) 根据表 6-5 所列公式,计算齿轮机构的几何尺寸。

(4) 核验重合度 ε_a 和正变位齿轮的齿顶圆齿厚 s_a。

2. 配凑中心距的设计

这类问题的原始数据一般为 z_1,z_2,a,m,h_a^*,c^* 和 a'。要根据实际中心距确定传动类型,综合考虑避免根切和改善强度分配两轮的变位系数。其设计步骤如下:

(1) 计算标准中心距。

(2) 按照中心距与啮合角关系式,计算啮合角 a'。

(3) 按照无齿侧间隙啮合方程式,计算两轮变位系数之和 $x_1 + x_2$。

(4) 分配两轮变位系数 x_1 和 x_2。

(5) 根据表 6-5 所列公式,计算齿轮机构的几何尺寸。

(6) 核验重合度 ε_a 及正变位齿轮的齿顶圆齿厚 s_a。

3. 实现给定传动比的设计

原始数据一般为 i_{12},a,m,h_a^*,c^* 和 a'。这类设计问题是在满足给定的传动比 i_{12} 和实际中心距的前提下,配凑两轮齿数 z_1 和 z_2。在确定两轮齿数时,优先选用正传动,同时保证齿轮不产生根切。其设计步骤如下:

(1) 选取两轮齿数。由 $a = \dfrac{m}{2}(z_1 + z_2)$ 和 $i_{12} = \dfrac{z_2}{z_1}$,可得

表 6-5 外啮合直齿圆柱齿轮机构的几何尺寸计算公式

渐开线方程式：$r_k = \dfrac{r_b}{\cos \alpha_k}$ $\quad$ $\text{inv}\,\alpha_k = \tan \alpha_k - a_k$			基本参数：$z,\ m,\ a,\ h_a^*,\ c^*,\ x$
名称	**符号**	**标准齿轮传动**	**高度变位齿轮传动**	**正传动和负传动**
变位系数	x	$x_1 = 0 \quad x_2 = 0$	$x_1 = -x_2$	$x_1 + x_2 \neq 0$
分度圆直径	d	$d = mz$		
啮合角	α'	$\alpha' = \alpha$		$\text{inv}\,\alpha' = \dfrac{2(x_1+x_2)}{z_1+z_2}\tan\alpha + \text{inv}\,\alpha$
中心距	$a(a')$	$a = \dfrac{1}{2}(d_1+d_2) = \dfrac{m}{2}(z_1+z_2)$		$a' = \dfrac{\cos\alpha}{\cos\alpha'}a$
节圆直径	d'	$d' = d$		$d' = \dfrac{\cos\alpha}{\cos\alpha'}d$
中心距变动系数	y	$y = 0$		$y = \dfrac{a'-a}{m} = \dfrac{z_1+z_2}{2}\left(\dfrac{\cos\alpha}{\cos\alpha'}-1\right)$
齿高变动系数	Δy	$\Delta y = 0$		$\Delta y = x_1 + x_2 - y$
齿顶高	h_a	$h_a = h_a^* m$	$h_a = (h_a^* + x)m$	$h_x = (h_x^* + x - \Delta y)m$
齿根高	h_i	$h_i = (h_a^* + c^*)m$	$h_i = (h_a^* + c^* - x)m$	$h_i = (h_a^* + c^* - x)m$
齿全高	h	$h = (2h_a^* + c^*)m$		$h = (2h_a^* + c^* - \Delta y)m$
齿顶圆直径	d_a	$d_a = d + 2h_a$		
齿根圆直径	d_f	$d_f = d - 2h_f$		
重合度	ε_a	$\varepsilon_a = \dfrac{\overline{B_1 B_2}}{p_a} = \dfrac{1}{2\pi}\left[z_1(\tan\alpha_{a1} - \tan\alpha') + z_2(\tan\alpha_{a2} - \tan\alpha')\right]$		
分度圆齿厚	s	$s = \dfrac{\pi m}{2}$	$s = \dfrac{\pi m}{2} + 2xm\tan\alpha$	
齿顶厚	s_a	$s_a = s\dfrac{r_a}{r} - 2r_a(\text{inv}\,\alpha_a - \text{inv}\,\alpha)$		

$$a = \frac{mz_1}{2}(1 + i_{12})$$

因正传动具有较多优点,应考虑优先选用正传动。

由此可得

$$z_1 < \frac{2a'}{m(1 + i_{12})} \tag{6-33}$$

在按上式选取 N 时,考虑到小齿轮齿顶不变尖等原因,经验值不宜取得太小。

选定 z_1 后,可按 $z_2 = i_{12}z_1$ 求得 z_2。将求得的 z_2 取整数,从而确定出两轮的齿数。这时其实际传动比为 $i_{12} = z_2/z_1$,与给定的原始数据可能不一致,但只要其误差在允许范围之内,即满足要求。

(2) 以下步骤同情形 2 的设计步骤。若已知原始数据为和 i_{12},a,m,h_a^*,c^* 则可直接根据传动比 i_{12} 初选两轮齿数。一般在设计时采用正传动,并使小齿轮齿数少于标准齿轮不产生根切的最少齿数,以达到结构紧凑的目的。在确定齿数后,以下步骤同情形 1 的设计步骤。

6.7.3 变位系数的选择

在齿轮传动设计中,变位系数的选择是十分重要的,它直接影响到齿轮传动的性能。只有恰当地选择变位系数,才能充分发挥变位齿轮传动的优点。变位系数的选择受到一系列的限制,但概括起来可分为两大类:基本限制条件和传动质量要求。在外啮合齿轮传动中必须满足的基本限制条件为

(1) 齿轮不发生根切,即变位系数应大于或至少等于不发生根切的最小变位系数。

(2) 齿轮啮合时不发生过渡曲线干涉。在渐开线齿廓与齿根圆之间是一段过渡曲线,这段曲线不应参与啮合,但如果变位系数选择不当,则可能出现过渡曲线进入啮合的情况,称之为过渡曲线干涉,这是不允许的。

(3) 保证齿轮啮合时有足够的重合度。除去负传动,其他变位齿轮传动都会使重合度下降,重合度应大于或等于许用重合度。

(4) 保证有足够的齿顶厚度。正变位时会导致齿顶变薄,一般要求齿顶厚(0.2~0.6)m。

满足上述基本限制条件的变位系数是很多的,那么,在给出的变位系数许用范围内,如何选择变位系数才能充分发挥变位齿轮传动的优越性呢? 为此,需要根据齿轮的不同失效形式,建立一些质量指标,以便能够根据不同情况,更加合理地选择变位系数。齿轮传动的主要质量指标包括:两齿轮均衡磨损、两齿轮等弯曲疲劳强度和节点处于两对齿啮合区等。以上要求往往是相互矛盾的,因此,在选择变位系数时,首先要满足基本要求,然后根据实际工作情况,抓住主要质量问题,兼顾其他,选取最有利的变位系数。

选择变位系数的方法很多,有查表法、封闭图法、公式计算法及优化设计方法等,其中一种方便、实用的方法是封闭图方法。这种方法是针对不同齿数组合的一对齿轮,分别做出相应的封闭图。根据设计所提出的具体要求,参照封闭图中各条啮合特性曲线,就可以选择出符合设计要求的变位系数。关于变位系数选择的详细论述可参阅有关资料,此处不再赘述。

6.8 斜齿圆柱齿轮机构

6.8.1 渐开线斜齿圆柱齿轮

1. 斜齿圆柱齿轮齿面的形成

对于直齿圆柱齿轮,因为其轮齿方向与齿轮轴线相平行,在所有与轴线垂直的平面内情

形完全相同,所以只需考虑其端面就能代表整个齿轮。但是,齿轮都是有一定宽度的,如图 6-29 所示,因此,在端面上的点和线实际上代表着齿轮上的线和面。基圆代表基圆柱,发生线 NK 代表切于基圆柱面的发生面 S。当发生面与基圆柱做纯滚动时,它上面的一条与基圆柱母线 NN 相平行的直线 KK 所展成的渐开线曲面,就是直齿圆柱齿轮的齿廓曲面,称为渐开面。同样,当两个直齿轮啮合时,端面上的接触点实际上代表着两齿廓渐开面的切线,即接触线。

由于该接触线与齿轮轴线平行,所以在啮合过程中,一对轮齿是沿整个齿宽同时进入啮合或退出啮合的,从而轮齿上所受载荷是突然加上或卸掉的,容易引起振动和冲击噪声,传动平稳性差,不适合高速传动。为了克服直齿圆柱齿轮传动的这一缺点,人们在实践中设计了斜齿圆柱齿轮。

斜齿圆柱齿轮齿面的形成原理与直齿圆柱齿轮类似,所不同的是其发生面上展成渐开面的直线 KK 不再与基圆柱母线 NN 平行,而是相对于 NN 偏斜一个角度 β_b,如图 6-30 所示。当发生面 S 绕基圆柱做纯滚动时,斜直线 KK 上每一点的轨迹,都是一条位于与齿轮轴线垂直平面内的渐开线,这些渐开线的集合,就形成了渐开线曲面,称为渐开螺旋面。该渐开螺旋面在齿顶圆柱以内的部分就是斜齿圆柱齿轮的齿廓曲面。β_b 称为斜齿轮基圆柱上的螺旋角。显然,β_b 越大,轮齿的齿向越偏斜;而当 $\beta_b = 0°$ 时,斜齿轮就变成了直齿轮。因此,可以认为直齿圆柱齿轮是斜齿圆柱齿轮的一个特例。

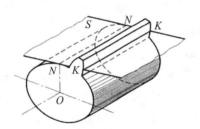

图 6-29　直齿圆柱齿轮齿面

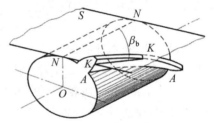

图 6-30　斜齿圆柱齿轮齿面的形成

2. 斜齿圆柱齿轮的基本参数

由于螺旋角 β 的存在,斜齿轮齿廓为渐开螺旋面,不同方向截面上轮齿的齿形各不相同,所以斜齿轮具有 3 套基本参数:端面(垂直于齿轮回转轴线的截面)参数、法面(垂直于轮齿方向的截面)参数和轴面(通过齿轮回转轴线的截面)参数,分别用下标 t、n 和 x 表示。

在加工斜齿轮时,刀具通常沿着螺旋线方向进刀,故斜齿轮的法面参数应该是与刀具参数相同的标准值,而斜齿轮大部分几何尺寸计算采用端面参数,因此必须建立法面参数和端面参数之间的换算关系。轴面参数在此没有用到,故暂不讨论。

1) 螺旋角

如图 6-31(a)所示,把斜齿轮的分度圆柱面展开成一个矩形,其中阴影线部分表示轮齿截面,空白部分表示齿槽,b 为斜齿轮轴向宽度,πd 为分度圆周长,β 为斜齿轮分度圆柱面上

$$\tan\beta = \frac{\pi d}{p_z}$$

$$\tan\beta_b = \frac{\pi d_b}{p_v} \qquad\qquad (6-34)$$

的螺旋角(简称为斜齿轮的螺旋角),p_z 为螺旋线导程。

对于同一个斜齿轮,任一圆柱面上螺旋线的导程 p_z 都是相同的,但是不同圆柱面的直径不同,导致各圆柱面上的螺旋角也不相等。由图 6-31(b)可知因为 $d_b = d\cos\alpha_t$,所以有

$$\tan\beta_b = \tan\beta\cos\alpha_t \qquad\qquad (6-35)$$

式中,α_t 为斜齿轮的端面压力角。

2) 模数

在图 6-31(a)中,直角三角形两条边 p_t 与 p_n 的夹角为 β,由此可得

$$p_n = p_t\cos\beta$$

式中,p_n 为法面齿距;p_t 为端面齿距。考虑到 $p_n = \pi m_n$,$p_t = \pi m_t$,故有

$$m_n = m_t\cos\beta \qquad\qquad (6-36)$$

式中,m_n 为法面模数(标准值);m_t 为端面模数(不是标准值)。

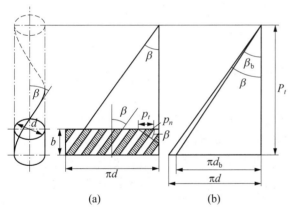

图 6-31 端面压力角与法面压力角的关系

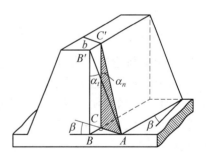

图 6-32 斜齿轮的展开

3) 压力角

以斜齿条为例来说明法面压力角与端面压力角之间的换算关系。在图 6-32 中,平面 ABB' 为端面,平面 ACC' 为法面,$\angle ACB$ 为直角。

在直角三角形 ABB'、ACC' 和 ACB 中,

$$\tan\alpha_t = \frac{\overline{AB}}{\overline{BB'}} \qquad \tan\alpha_n = \frac{\overline{AC}}{\overline{cc'}} \qquad \overline{AC} = \overline{AB}\cos\beta$$

因为 $\overline{BB'} = \overline{CC'}$,所以有

$$\tan\alpha_n = \tan\alpha_t\cos\beta \qquad\qquad (6-37)$$

式中,α_n 为法面压力角(标准值);α_t 为端面压力角(不是标准值)。

4) 齿顶高系数和顶隙系数

无论从法面还是从端面来看,轮齿的齿顶高和顶隙都是分别相等的,即

$$h_a = h_{an}^* m_n = h_{at}^* \quad \text{及} \quad c = c_n^* m_n = c_t^* m_t$$

考虑到 $m_n = m_t \cos\beta$

$$\left.\begin{array}{l} h_{an}^* = h_{an}^* \cos\beta \\ c_t^* = c_n^* \cos\beta \end{array}\right\}$$

式中,h_{an}^* 和 c_n^* 分别为法面齿顶高系数和顶隙系数(标准值);h_{at}^* 和 c_t^* 分别为端面齿顶高系数和顶隙系数(不是标准值)。

5) 其他几何尺寸

斜齿轮的分度圆直径 d 按端面参数计算,即

$$d = m_t z = \frac{m_n}{\cos\beta} z$$

标准斜齿轮不产生根切的最少齿数$z_{t\min}$ 也可按端面参数求出,即

$$z_{t\min} = \frac{2h_{at}^*}{\sin^2\alpha_t} = \frac{2h_{at}^* \cos\beta}{\sin^2\alpha_{t\min}}$$

由于 $\cos\beta < 1$,$\alpha_n < \alpha_t$,故标准斜齿轮不产生根切的最少齿数比直齿轮的要少。

3. 斜齿圆柱齿轮的当量齿数

由于斜齿轮的作用力是作用于轮齿的法面,其强度设计、制造等都是以法面齿形为依据的,因此需要知道它的法面齿形。一般可以采用近似的方法,用一个与斜齿轮法面齿形相当的直齿轮的齿形来代替,这个假想的直齿轮称为斜齿轮的当量齿轮。该当量齿轮的模数和压力角分别与斜齿轮法面模数、法面压力角相等,而它的齿数称为斜齿轮的当量齿数。

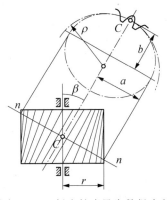

如图 6 - 33 所示,过实际齿数为 z 的斜齿轮分度圆柱螺旋线上的一点C,做此轮齿螺旋线的法面 nn 分度圆柱的截面为一椭圆剖面。此剖面上 C 点附近的齿形可以近似认为是该斜齿轮的法面齿形。如果以椭圆上 C 点的曲率半径 ρ 为半径做一个圆,作为假想直齿轮的分度圆,并设此假想直齿轮的模数和压力角分别等于该斜齿轮的法面模数和法面压力角,则该假想直齿轮的齿形就非常近似于上述斜齿轮的法面齿形。故此假想直齿轮就是该斜齿轮的当量齿轮,其齿数即当量齿数 z_v。显然,$z_v = \dfrac{2\rho}{m_n}$。

图 6 - 33　斜齿轮当量齿数得确定

由图 6-33 可知,当斜齿轮分度圆柱的半径为 r 时,椭圆的长半轴 $a=\dfrac{r}{\cos\beta}$,短半轴 $b=r$。由高等数学可知,椭圆上 C 点的曲率半径为

$$\rho=\frac{a^2}{b}=\left(\frac{r}{\cos\beta}\right)^2\frac{1}{r}=\frac{r}{\cos^2\beta}$$

$$z_v=\frac{2\rho}{m_n}=\frac{2r}{m_n\cos^2\beta}=\frac{m_t z}{m_n\cos^2\beta}$$

因而将 $m_n=m_t\cos\beta$ 代入式,则得

$$z_v=\frac{z}{\cos^3\beta} \tag{6-38}$$

按式(6-38)求得的当量齿数一般不是整数,也不必圆整为整数。

6.8.2　平行轴斜齿圆柱齿轮机构

能够用于传递两平行轴之间运动和动力的一对斜齿圆柱齿轮所组成的传动机构,称为平行轴斜齿轮机构。

1. 平行轴斜齿轮机构的啮合传动

1) 正确啮合条件

由于平行轴斜齿圆柱齿轮机构在端面内的啮合相当于一对直齿轮啮合,所以须满足端面模数和端面压力角分别相等的条件。另外,为了使一对斜齿轮能够传递两平行轴之间的运动,两轮啮合处的轮齿倾斜方向必须一致,这样才能使一轮的齿厚落在另一轮的齿槽内。对于外啮合,两轮的螺旋角 β 应大小相等、方向相反,即 $\beta_1=-\beta_2$;对于内啮合,两轮螺旋角 β 应大小相等、方向相同,即 $\beta_1=\beta_2$。由于相互啮合的两轮的螺旋角 β 大小相等,所以法面模数 m_n 和法面压力角 α_n 也应分别相等。综上所述,一对平行轴斜齿圆柱齿轮的正确啮合条件为

$$\left.\begin{array}{l}\beta_1=-\beta_2(外啮合)\quad\beta_1=\beta_2(内啮合)\\ m_{n1}=m_{n2}=m_n\quad 或\quad m_{t1}=m_{t2}=m_t\\ \alpha_{n1}=\alpha_{n2}=\alpha_n\quad 或\quad \alpha_{t1}=\alpha_{t2}=\alpha_t\end{array}\right\} \tag{6-39}$$

2) 连续传动条件

同渐开线直齿圆柱齿轮啮合传动一样,要保证一对平行轴斜齿圆柱齿轮能够连续传动,其重合度也必须大于(至少等于)1。

但与直齿轮传动不同的是,斜齿轮啮合时两个齿廓曲面的接触线是与齿轮轴线成 β_b 倾角的直线 KK(见图 6-34)。以端面参数相同的直齿轮和斜齿轮为例进行比较。图 6-35(a)为直齿轮传动的啮合面,图 6-35(b)为平行轴斜齿轮传动的啮合面。直线 B_2B_2 表示一对轮齿开始进入啮合的位置,直线 B_1B_1 表示一对轮齿开始脱离啮合的位置。

对于直齿轮传动,轮齿沿整个齿宽 b 在 B_2B_2 处进入啮合,到 B_1B_1 处整个轮齿脱离啮

合,B_2B_2 与 B_1B_1 之间为轮齿啮合区。

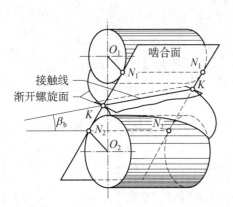

图 6-34 斜齿轮啮合时的齿廓曲面接触线

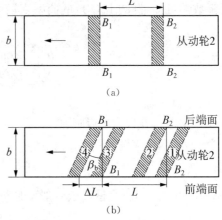

图 6-35 齿轮传动的啮合面

(a) 直齿轮;(b) 斜齿轮

对于平行轴斜齿轮传动,轮齿也是在 B_2B_2 位置进入啮合,但不是沿整个齿宽同时进入啮合,而是由轮齿一端到达位置 1 时开始进入啮合,随着齿轮转动,直至到达位置 2 时才沿全齿宽进入啮合,当到达位置 3 时由前端面开始脱离啮合,直至到达位置 6 时才沿全齿宽脱离啮合。显然,平行轴斜齿轮传动的实际啮合区比直齿轮传动增大了 $\Delta L = b\tan\beta_b$。 因此,其重合度也就比直齿轮传动大。

平行轴斜齿圆柱齿轮传动的总重合度 ε_γ 为

$$\varepsilon_\gamma = \varepsilon_\alpha + \varepsilon_\beta \tag{6-40}$$

其中,ε_α 称为端面重合度,可以用直齿轮传动的重合度计算公式求得,但要用端面啮合角 α'_t 代替 α',用端面齿顶圆压力角 α_{at} 代替 α_a,即

$$\varepsilon_\alpha = \frac{1}{2\pi}\left[z_1(\tan\alpha_{at1} - \tan\alpha'_t) + z_2(\tan\alpha_{at2} - \tan\alpha'_t)\right]$$

而增大的部分 ε_β 称为纵向重合度,其值为

$$\varepsilon_\beta = \frac{\Delta L}{p_{bt}} = \frac{b\tan\beta_b}{\pi m_t\cos\alpha_t}$$

由于 $\tan\beta_b = \tan\beta\cos\alpha_t$,$m_t = \dfrac{m_n}{\cos\beta}$,故

$$\varepsilon_\beta = \frac{b\sin\beta}{\pi m_n}$$

由于 ε_β 随 β 和齿宽 b 的增大而增大,所以斜齿轮传动的重合度比直齿轮传动的重合度

大得多。但是 β 和 b 也不能任意增加，有一定限制。

2. 平行轴斜齿轮机构的特点及应用

（1）啮合性能好。平行轴斜齿轮机构传动过程中，由于啮合接触线是一条不平行于轴线的斜直线，轮齿进入啮合和退出啮合都是逐渐变化的，故传动平稳，噪声小。同时这种啮合方式也减小了轮齿制造误差对传动的影响。

（2）重合度大，传动平稳，并减轻了每对轮齿承受的载荷，提高了承载能力。

（3）可获得更为紧凑的机构。由于标准斜齿轮不产生根切的齿数比直齿轮少，所以采用平行轴斜齿轮机构可以获得更为紧凑的尺寸。

（4）制造成本与直齿轮相同。

由于具有以上特点，平行轴斜齿轮机构的传动性能和承载能力都优于直齿轮机构，因而广泛用于高速、重载场合，但是与直齿轮相比，由于斜齿轮具有一个螺旋角 β，故传动过程中会产生如图 6-36 (a)所示的轴向推力 $F_x = F\sin\beta$ 对传动不利。为了既能发挥平行轴斜齿轮机构传动的优点，又不致使轴向力过大，一般采用的螺旋角 $\beta = 8° \sim 20°$。若要消除轴向推力，可以采用如图 6-36(b)所示的人字齿轮。对于人字齿，可取 $\beta = 25° \sim 35°$。但是人字齿加工制造较为困难。

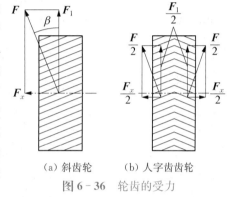

（a）斜齿轮　（b）人字齿齿轮

图 6-36　轮齿的受力

3. 平行轴斜齿圆柱齿轮机构的传动设计

如前所述，一对平行轴斜齿圆柱齿轮啮合传动时，从端面看与一对直齿圆柱齿轮传动一样，因此，其设计方法也基本相同。不同的是，由于螺旋角 β 的存在，斜齿轮有端面参数与法面参数之分，且法面参数为标准值，因此在设计计算时，要把法面参数换算成端面参数。

一对平行轴标准斜齿圆柱齿轮传动的中心距为

$$a = \frac{1}{2}m_1(z_1+z_2) = \frac{m_n}{2\cos\beta}(z_1+z_2)$$

由上式可知，当 z_1、z_2 和 m_n 一定时，也可以用改变螺旋角 β 的办法来调整中心距，而不一定像直齿轮传动那样采用变位的方法。当然，由于 β 有一定的取值范围，用改变 β 来调整中心距是有一定限度的。表 6-6 列出了平行轴斜齿圆柱齿轮机构几何尺寸的计算公式，供设计时查用。

表 6-6　外啮合平行轴斜齿圆柱齿轮机构的几何尺寸计算公式

名称	符号	公　式
螺旋角	β	$\beta_1 = -\beta_2$（一般 $\beta = 8° \sim 20°$）
端面模数	m_1	$m_1 = m_n/\cos\beta$（m_n 为标准值）

名称	符号	公 式
端面分度圆压力角	α_1	$\tan\alpha_1 = \tan\alpha_n / \cos\beta \ (\alpha_n = 20)$
端面齿顶高系数	h_{a1}^*	$h_{a1}^* = h_{an}^* \cos\beta \ (h_{an}^* = h_a^* = 1 \ 或 \ 0.8)$
端面顶隙系数	c_t^*	$c_t^* = c_n^* \cos\beta \ (c_n^* = c^* = 0.25 \ 或 \ 0.3)$
当量齿数	z_v	$z_v = z_i / \cos^3\beta$
端面最少齿数	$z_{i\min}$	$z_i \dfrac{2h_{at}^*}{\sin^2\alpha_{1\min}}$
端面变位系数	x_i	$x_{ti} = xv_i \cos\beta \ (x_{ni} \ 根据 \ z_{vi} \ 选取)$
端面啮合角	α_i'	$\mathrm{inv}\alpha_i' = \dfrac{2(x_{t1} + x_{t2})}{z_1 + z_2}\tan\alpha_t + \mathrm{inv}\alpha_t$
分度圆直径	d	$d_i = m_i z_i$
标准齿轮中心距	a	$a = \dfrac{d_1 + d_2}{2} = \dfrac{m_n}{2\cos\beta}(z_1 + z_2)$
实际中心距	a'	$a' = a\dfrac{\cos\alpha_1}{\cos\alpha_1'}$
中心距变动系数	y_t	$y_t = \dfrac{a' - a}{m_t}$
齿高变动系数	Δy_t	$\Delta y_t = x_{i1} + x_i^2 - y_i$
齿顶圆直径	d_t	$d_{ni} = m_t(z_i + 2h_{a1}^* + 2x_t i - \Delta y_t)$
齿根圆直径	d_f	$d_{fi} = m_t(z_i + 2h_{a1}^* + 2x_t i - \Delta y_t)$
基圆直径	d_b	$d_{bi} = d_i \cos\alpha_t$
节圆直径	d'	$d' = d_{bi} / \cos\alpha_t'$
端面齿顶圆压力角	α_{at}	$\alpha_{ati} = \arccos\left(\dfrac{d_{bi}}{d_a i}\right)$
重合度	ε_γ	$\varepsilon_\gamma = \dfrac{1}{2\pi}\left[z_1(\tan\alpha_{at1} - \tan\alpha_t') + z_2(\tan\alpha_{at2} - \tan\alpha_t')\right] + \dfrac{b\sin\beta}{\pi m_n}$
传动比	i_{12}	$i_{12} = \dfrac{\omega_1}{\omega_2} = \dfrac{z_2}{z_1} = -\dfrac{d_2}{d_1}$ (负号表示俩轮转向相反)

说明:下标中的 $i = 1, 2$。

6.9 蜗杆蜗轮机构

蜗杆蜗轮机构是用来传递两交错轴之间运动的一种齿轮机构,通常取其交错角 $\Sigma = 90°$。

6.9.1 蜗杆蜗轮的形成

蜗杆蜗轮机构是由交错轴斜齿圆柱齿轮机构演变而来的。如图 6-37 所示,在一对交

错角 $\Sigma = 90°$，β_1 和 β_2 旋向相同的交错轴斜齿轮机构中，如果增大小齿轮 1 的螺旋角 β_1，减小分度圆直径 d_1，加大轴向长度 b_1，减小齿数 z_1（一般取 1～6），使得轮齿在分度圆柱上形成完整的螺旋线，此时该齿轮外形类似于螺杆，称为蜗杆，齿数 z_1 称为蜗杆的头数。与之啮合的大齿轮 2 的螺旋角 β_2 较小，$\beta_2 = 90° - \beta_1$ 分度圆直径 d_2 很大，且轴向长度 b_2 较短，齿数 z_2 很多，故将此斜齿轮称为蜗轮。

　　为了改善原交错轴斜齿轮机构点接触啮合的缺点，将蜗轮分度圆柱面的母线改为圆弧形，使之将蜗杆部分包住（见图 6-38）。采用"对偶法"加工蜗轮轮齿，即选取与蜗杆形状和参数相同的滚刀（为加工出顶隙，滚刀的外径稍大于标准蜗杆外径），并保持蜗轮蜗杆啮合时的中心距和传动关系。这样加工出的蜗轮和蜗杆啮合时轮齿间为线接触，可传递较大动力。这种传动机构称为蜗杆蜗轮机构（又称为蜗杆传动机构）。

　　由蜗杆蜗轮的形成来看，蜗杆蜗轮机构具有以下两个明显特征：其一，它是一种特殊的交错轴斜齿轮机构，其特殊之处在于 $\Sigma = 90°$，z_1 很少（一般为 1～6）；其二，它具有螺旋机构的某些特点，蜗杆相当于螺杆，蜗轮相当于螺母，蜗轮部分地包容蜗杆。

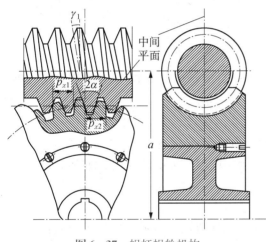

图 6-37　蜗杆蜗轮机构

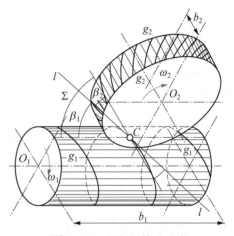

图 6-38　蜗杆蜗轮的形成

6.9.2　蜗杆蜗轮机构的类型

　　同螺杆一样，蜗杆也有左旋、右旋及单头、多头之分。工程中多采用右旋蜗杆。除此之外，根据蜗杆形状的不同，可以将蜗杆蜗轮机构分为 3 类：圆柱蜗杆机构（图 6-39(a)）、环面蜗杆机构（图 6-39(b)）和锥蜗杆机构（图 6-39(c)）。

　　圆柱蜗杆机构又可分为普通圆柱蜗杆机构和圆弧蜗杆机构。在普通蜗杆机构中，最为常用的是阿基米德蜗杆机构，蜗杆的端面齿形为阿基米德螺线，轴面齿形为直线，相当于齿条。由于这种蜗杆加工方便，应用广泛，所以在此重点介绍阿基米德蜗杆机构，其传动的基本知识也适用于其他类型的蜗杆机构。

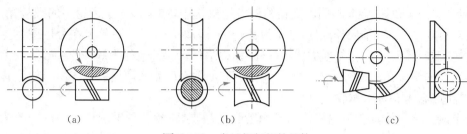

(a)　　　　　　　　(b)　　　　　　　　(c)

图 6-39　常见蜗杆蜗轮机构

6.9.3　蜗杆蜗轮机构的啮合传动

1. 正确啮合条件

图 6-38 所示为阿基米德蜗杆蜗轮机构的啮合传动情况。过蜗杆轴线作一垂直于蜗轮轴线的平面,该平面称为蜗杆传动的中间平面。由图中可以看出,在该平面内蜗杆与蜗轮的啮合传动相当于齿条与齿轮的传动。因此,蜗杆蜗轮机构的正确啮合条件为:在中间平面中,蜗杆与蜗轮的模数和压力角分别相等。即

$$m_{x1}=m_{t2}=m \qquad \alpha_{x1}=\alpha_{t2}=\alpha \tag{6-41}$$

其中,蜗杆轴面参数取标准值,m_{x1},α_{x1} 也分别为蜗杆的轴面模数和压力角;蜗轮的标准参数为端面参数,m_{t1},α_{t1} 分别为蜗轮的端面模数和压力角。

当交错角 $\Sigma=90°$ 时,由于蜗杆螺旋线的导程角 $\gamma_1=90°-\beta_1$,而 $\Sigma=\beta_1+\beta_2=90°$,故还必须满足 $\gamma_1=\beta_1$,即蜗轮的螺旋角等于蜗杆的导程角,而且蜗轮和蜗杆的旋向相同。

此外,为了保证正确啮合传动,蜗杆蜗轮传动的中心距还必须等于用蜗轮滚刀范成加工蜗轮的中心距。

2. 传动比

由于蜗杆蜗轮机构是由交错角 $\Sigma=90°$ 的交错轴斜齿轮机构演变而来的,故其传动比为

$$i_{12}=\frac{\omega_1}{\omega_2}=\frac{z_2}{z_1}=\frac{d_2\cos\beta_2}{d_1\cos\beta_1}=\frac{d_2\cos\gamma_2}{d_1\cos\gamma_1}=\frac{d_2}{d_1\tan\gamma_1}$$

至于蜗杆蜗轮的转动方向,既可按交错轴斜齿轮机构判断,也可借助于螺杆螺母来确定,即把蜗杆看作螺杆,蜗轮视为螺母,当螺杆只能转动而不能移动时,螺母移动的方向即表示蜗轮圆周速度的方向,由此即可确定蜗轮的转向。

6.9.4　蜗杆蜗轮机构的特点及应用

1. 蜗杆蜗轮机构的特点

(1) 传动比大,结构紧凑。一般可实现 $i_{12}=10\sim80$,在不传递动力的分度机构中 i_{12} 可达 500 以上,因此结构十分紧凑。

(2) 传动平稳,无噪声。因啮合时为线接触,且具有螺旋机构的特点,故其承载能力强,

传动平稳,几乎无噪声。

（3）反行程具有自锁性。当蜗杆导程角 γ_1 小于啮合轮齿间的当量摩擦角时,机构反行程具有自锁性,即只能由蜗杆带动蜗轮转动,而不能由蜗轮带动蜗杆运动。

（4）传动效率较低,磨损较严重。由于啮合轮齿间相对滑动速度大,故摩擦损耗大,因而传动效率较低（一般为 0.7～0.8,反行程具有自锁性的蜗杆传动,其正行程效率小于 0.5）,易出现发热和温升过高现象,且磨损较严重。为保证有一定使用寿命,蜗轮常须采用价格较昂贵的减磨材料,因而成本高。

（5）蜗杆轴向力较大,致使轴承摩擦损失较大。

2. 蜗杆蜗轮机构的应用

由于蜗杆蜗轮机构具有以上特点,故常用于两轴交错、传动比较大、传递功率不太大或间歇工作的场合。当要求传递较大功率时,为提高传动效率,常取 $z_1 = 2 \sim 6$。此外,当 γ_1 较小时机构具有自锁性,常用在卷扬机等起重机械中,起安全保护作用。

6.9.5 蜗杆蜗轮机构的传动设计

1. 基本参数

（1）模数 蜗杆模数系列与齿轮模数系列有所不同。国家标准 GB/T 10088—1988 中对蜗杆模数作了规定,表 6-7 为部分摘录,供设计时查阅。

表 6-7 蜗杆模数 m 取值(摘自 GB/T 10088—1988) （单位:mm）

第一系列	1; 1.25; 1.6; 2; 2.5; 3.15; 4; 5; 6.3; 8; 10; 12.5; 16; 20; 25; 31.5; 40
第二系列	1.5; 3; 3.5; 4.5; 5.5; 6; 7; 12; 14

注:优先采用第一系列。

（2）压力角 国家标准 GB/T 10087—1988 规定,阿基米德蜗杆的压力角 $\alpha = 20°$。在动力传动中,允许增大压力角。推荐用 $\alpha = 25°$;在分度传动中,允许减小压力角,推荐用 $\alpha = 15°$ 或 $12°$。

（3）导程角 蜗杆的形成原理与螺旋相同,若以 z_1 表示蜗杆的头数（即齿数）,以 p_x 表示其轴向齿距,则其螺旋线导程 $p_x = z_1 p_x = z_1 \pi m$,其导程角 γ 可由下式求出:

$$\tan \gamma \frac{p_x}{\pi d_1} = \frac{z_1 \pi m}{\pi d_1} = \frac{z_1 m}{d_1}$$

式中,d_1 为蜗杆的分度圆直径。

（4）蜗杆的头数和蜗轮的齿数 蜗杆的头数 z_1 一般可取 1～10,推荐取 $z_1 = 1, 2, 4, 6$。当要求传动比大或反行程具有自锁性时,z_1 取小值;当要求具有较高传动效率或传动速度较高时,导程角 γ 要大些,z_1 应取较大值。蜗轮的齿数 z_2 可根据传动比及选定的 z_1 确定。对于动力传动,推荐 $z_2 = 29 \sim 70$。

（5）蜗杆分度圆直径 因为加工蜗轮所采用滚刀的分度圆直径必须和与蜗轮相配的蜗

杆分度圆直径相同,为了限制滚刀的数目,国家标准 GB/T 10085—1988 中规定了蜗杆分度圆直径必与模数 d_1 头数的匹配系列值,部分摘录如表 6-8 所示。设计者可根据模数来选取蜗杆分度圆直径。

表 6-8 蜗杆分度圆直径必与模数 d_1 头数的匹配系列值

m	z_1	d_1	m	z_1	d_1	m	z_1	d_1	m	z_1	d_1
1	1	18			(28)			(50)			(90)
1.25	1	16	3.15	1, 2, 4	(35.5)	6.3	1, 2, 4	63	12.5	1, 2, 4	112
		22.4			(45)			(80)			(140)
1.6	1, 2, 4	20		1	56		1	112		1	200
	1	28			(31.5)			(63)			(112)
2	1, 2, 4	18	4	1, 2, 4	40	8	1, 2, 4	80	16	1, 2, 4	140
		22.4			(50)			(100)			(180)
		(28)		1	71		1	140		1	250
	1	35.5			(40)			71			(140)
2.5	1, 2, 4	(22.4)	5	1, 2, 4	50	10	1, 2, 4	90	20	1, 2, 4	160
		28			(63)			(112)			(224)
		(35.5)		1	90		1	160		1	315
	1	45									

注:模数和直径的单位为 mm,括号内的数尽可能不采用。

2. 几何尺寸计算

蜗杆和蜗轮的齿顶高、齿根高、全齿高、齿顶圆直径和齿根圆直径,均可参照直齿轮的公式进行计算,但需注意其顶隙系数 $c^* = 0.2$。表 6-9 列出了标准阿基米德蜗杆蜗轮机构的几何尺寸计算公式,供设计时查阅。

表 6-9 标准阿基米德蜗杆蜗轮机构的几何尺寸计算公式

名称	符号	蜗杆	蜗轮
齿顶高	h_a	$h_{a1} = h_{a2} = h_a^*$	
齿根高	h_f	$h_{f1} = h_{f2} = (h_a^* + c^*) m$	
全齿高	h	$h_1 = h_2 = (2h_a^* + c^*) m$	
分度圆直径	d	d 从表 6-8 中选取	$d_2 = m z_2$
齿顶圆直径	d_a	$d_{a1} = d_1 + 2h_{a1}$	$d_{a2} = d_2 + 2h_{a2}$
齿根圆直径	d_f	$d_{f1} = d_1 - 2h_{f1}$	$d_{f2} = d_2 - 2h_{f2}$
蜗杆导程角	γ	$\gamma = \arctan\left(\dfrac{z_1 m}{d_1}\right)$	

名称	符号	蜗杆	蜗轮
蜗轮螺旋角	β_2		$\beta_2 = \gamma$
节圆直径	d'	$d'_1 = d_1$	$d'_2 = d_2$
中心距	a	$a = \frac{1}{2}(d_1 + d_2)$	

6.10 圆锥齿轮机构

6.10.1 圆锥齿轮机构的特点及应用

圆锥齿轮机构是用来传递两相交轴之间运动和动力的一种齿轮机构。轴交角 Σ 可根据传动需要来任意选择,一般机械中多采用 $\Sigma = 90°$。如图 6-40 所示,圆锥齿轮的轮齿分布在截圆锥体上,对应于圆柱齿轮中的各有关圆柱,在这里均变成了圆锥;并且齿形从大端到小端逐渐变小,导致圆锥齿轮大端和小端参数不同,为方便计算和测量,通常取大端参数为标准值。

圆锥齿轮的轮齿有直齿、斜齿和曲齿(圆弧齿、螺旋齿)等多种形式。其中,直齿圆锥齿轮机构由于其设计、制造和安装均较简便,故应用最为广泛;曲齿圆锥齿轮机构由于传动平稳、承载能力强,常用于高速重载的传动,如汽车、飞机、拖拉机等的传动机构中。本节仅介绍直齿圆锥齿轮机构。

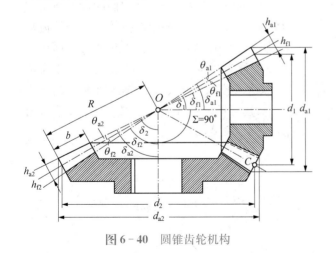

图 6-40 圆锥齿轮机构

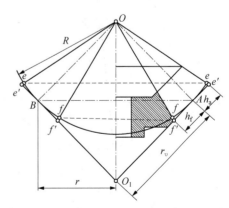

图 6-41 标准直齿圆锥齿轮轴向半剖面图

6.10.2 直齿圆锥齿轮齿廓的形成

直齿圆锥齿轮齿廓曲面为球面渐开线,即轮齿由一系列以锥顶 O 为球心、不同半径的球

面渐开线组成。由于球面曲线不能展开成平面曲线,这就给圆锥齿轮的设计和制造带来了很多困难。为了在工程上应用方便,采用一种近似的方法来处理这一问题。

图 6-41 为一标准直齿圆锥齿轮的轴向半剖面图。OAB 为其分度圆锥,$\overgroup{eA}$ 和 $\overgroup{fA}$ 为轮齿在球面上的齿顶高和齿根高。过点 A 做直线 $AO_1 \perp AO$,与圆锥齿轮轴线相交于点 O_1。设想以 OO_1 为轴线、O_1A 为母线做一圆锥 O_1AB,该圆锥称为直齿圆锥齿轮的背锥。显然,背锥与球面切于圆锥齿轮大端的分度圆上。

延长 Oe 和 Of,分别与背锥母线相交于点 e' 和 f'。从图中可以看出,在点 A 和点 B 附近,背锥面与球面非常接近,且锥距 R 与大端模数 m 的比值越大(一般 $R/m > 30$),两者就越接近,球面渐开线 $\overgroup{ef}$ 与它在背锥上的投影之间的差别就越小。因此,可以用背锥上的齿形近似地代替直齿圆锥齿轮大端球面上的齿形。由于背锥可以展成平面,这就给直齿圆锥齿轮的设计和制造带来了方便。

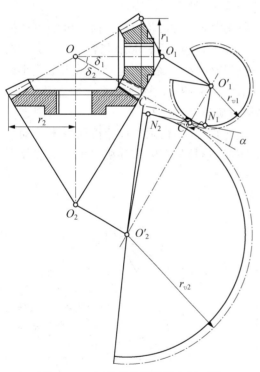

图 6-42 所示为一对圆锥齿轮的轴向剖面图,OAC 和 OBC 为其分度圆锥,O_1AC 和 O_2BC 为其背锥。将两背锥展成平面后即得到两个扇形齿轮,该扇形齿轮的模数、压力角、齿顶高和齿根高分别等于圆锥齿轮大端的模数、压力角、齿顶高和齿根高,其齿数就是圆锥齿轮的实际齿数 z_1 和 z_2,其分度圆半径 r_{v1} 和 r_{v2} 就是背锥的锥距 O_1A 和 O_2B。如果将这两个齿数分别为 z_1 和 z_2 的扇形齿轮补足成完整的直齿圆柱齿轮,则它们的齿数将增加为 z_{v1} 和 z_{v2}。把这两个虚拟的直齿圆柱齿轮称为这一对圆锥齿轮的当量齿轮,其齿数 z_{v1} 和 z_{v2} 称为圆锥齿轮的当量齿数。对于齿数为 z、大端模数为 m、分度圆锥角为 δ 的圆锥齿轮,其当量齿数和实际齿数 z_v 的关系可由图 6-42 求出,即

$$r_v = \frac{r}{\cos\delta} = \frac{mz}{2\cos\delta}$$

$$r_v = \frac{1}{2}mz_v$$

图 6-42 圆锥齿轮机构轴向剖面图

故得

$$z_v = \frac{z}{\cos\delta}$$

因 $\cos\delta$ 总小于1,故 z_v 总大于 z,而且一般不是整数,也无须圆整为整数。采用当量齿

轮的齿形来近似替代直齿圆锥齿轮大端球面上的理论齿形,误差微小,所以引入当量齿轮的概念后,就可以将直齿圆柱齿轮的某些原理近似地应用到圆锥齿轮上。例如,用仿形法加工直齿圆锥齿轮时,可按当量齿数来选择铣刀的号码;在进行圆锥齿轮的齿根弯曲疲劳强度计算时,按当量齿数来查取齿形系数。此外,标准直齿圆锥齿轮不发生根切的最少齿数 $z_{v\min}$ 可根据其当量齿轮不发生根切的最少齿数 $z_{v\min}$ 来换算,即

$$z_{v\min} = z_{v\min} \cos\delta \tag{6-42}$$

6.10.3 直齿圆锥齿轮的啮合传动

如上所述,一对直齿圆锥齿轮的啮合传动相当于其当量齿轮的啮合传动。因此可以采用直齿圆柱齿轮的啮合理论来分析。

1. 正确啮合条件

一对直齿圆锥齿轮的正确啮合条件为:两个当量齿轮的模数和压力角分别相等,即两个圆锥齿轮大端的模数和压力角应分别相等。此外,还应保证两轮的锥距相等、锥顶重合。

2. 连续传动条件

为保证一对直齿圆锥齿轮能够实现连续传动,其重合度也必须大于(至少等于)1。其重合度可按其当量齿轮计算。

3. 传动比

一对直齿圆锥齿轮传动的传动比为

$$i_{12} = \frac{\omega_1}{\omega_2} = \frac{z_2}{z_1} = \frac{r_2}{r_1}$$

由图 6-42 可知,$r_1 = \overline{OC}\sin\delta_1$,$r_2 = \overline{OC}\sin\delta_2$,故

$$i_{12} = \frac{\sin\delta_2}{\sin\delta_1}$$

当轴角 $\Sigma = \delta_1 + \delta_2 = 90°$ 时,则有

$$i_{12} = \frac{\sin(90° - \delta_1)}{\sin\delta_1} = \cot\delta_1 = \tan\delta_2$$

6.10.4 直齿圆锥齿轮机构的传动设计

1. 基本参数的标准值

直齿圆锥齿轮大端模数 m 的值为标准值,按表 6-10 选取;压力角 $\alpha = 20°$,齿顶高系数 h_a^* 和顶隙系数 c^* 如下:

对于正常齿　　$m < 1\,\mathrm{mm}$ 时,　　$h_a^* = 1$,　　$c^* = 0.25$

$\qquad\qquad\qquad m \geqslant 1\,\mathrm{mm}$ 时,　　$h_a^* = 1$,　　$c^* = 0.2$

对于短齿　　　　　　　　　　　$h_a^* = 0.8$,　　$c^* = 0.3$

表 6-10 锥齿轮模数(摘自 GB/T 12368—1990)　　(单位:mm)

0.10	0.35	0.9	1.75	3.25	5.5	10	20	36
0.12	0.4	1	2	3.5	6	11	22	40
0.15	0.5	1.125	2.25	3.75	6.5	12	25	45
0.2	0.6	1.25	2.5	4	7	14	28	50
0.25	0.7	1.375	2.75	4.5	8	16	30	—
0.3	0.8	1.5	3	5	9	18	32	—

2. 几何尺寸计算

直齿圆锥齿轮的齿高通常是由大端到小端逐渐收缩的,按顶隙的不同,可分为不等顶隙收缩齿和等顶隙收缩齿 2 种。前者的齿顶圆锥、齿根圆锥与分度圆锥具有共同的锥顶,故顶隙由大端至小端逐渐缩小。其缺点是齿顶厚度和齿根圆角半径也由大端到小端逐渐变小,影响轮齿强度。后者的齿根圆锥与分度圆锥共锥顶,但齿顶圆锥因其母线与另一齿轮圆锥母线平行而不和分度圆锥共锥顶,故两轮的顶隙从大端至小端都是相等的,这样不仅提高了轮齿的承载能力,并且利于储油润滑,所以根据国家标准(GB/T 12369—1990,GB/T 12370—1990),现多采用等顶隙圆锥齿轮传动。

为方便设计时查用,将标准直齿圆锥齿轮机构的几何尺寸计算公式列于表 6-11。为了改善直齿圆锥齿轮机构的传动性能,也可以对其进行变位修正。关于这方面的知识,可参阅有关资料。

表 6-11 标准直齿圆锥齿轮机构几何尺寸

名称	代号	计算公式	
		小齿轮	大齿轮
分度圆锥角	δ	$\delta_1 = \text{arccot}\dfrac{z_2}{z_1}$	$\delta_2 = 90° - \delta_1$
齿顶高	h_a	$h_{a1} = h_{a2} = h_a^* m$	
齿根高	h_f	$h_{f1} = h_{f2} = (h_a^* + c^*)m$	
分度圆直径	d	$d_i = mz_i$	
齿顶圆直径	d_a	$d_{ai} = d_i + 2h_{ai}\cos\delta_i$	
齿根圆直径	d_f	$d_{fi} = d_i - 2h_{fi}\cos\delta_i$	
锥距	R	$R = \dfrac{mz}{2\sin\delta} = \dfrac{m}{2}\sqrt{z_1^2 + z_2^2}$	
顶锥角	δ_a	$\tan\theta_{a2} = \tan\theta_{a1} = h_a/R$ (收缩顶隙传动)	
齿根角	θ_f	$\tan\theta_{f2} = \tan\theta_{f1} = h_f/R$	
分度圆齿厚	s	$s = \dfrac{\pi m}{2}$	

续表

名称	代号	计算公式	
		小齿轮	大齿轮
顶隙	c	$c = c^* m$	
当量齿数	z_v	$z_v = z_i / \cos\delta_i$	
顶锥角	δ_a	$\delta_{ai} = \delta_i + \theta_{a_i}$ （收缩顶隙传动）	
		$\delta_{ai} = \delta_i + \theta_{f_i}$ （等顶隙传动）	
根锥角	δ_f	$\delta_{ai} = \delta_i - \theta_{f_i}$	
当量齿轮分度圆半径	r_v	$r_{vi} = \dfrac{d_i}{2\cos\delta_i}$	
当量齿轮齿顶圆半径	r_{va}	$r_{vai} = r_{vi} + h_{ai}$	
当量齿轮齿顶压力角	α_{va}	$\alpha_{vai} = \arccos\left(\dfrac{r_{vi}\cos\alpha}{r_{vai}}\right)$	
重合度	ε_α	$\varepsilon_\alpha = \dfrac{1}{2\pi}\left[z_{v1}(\tan\alpha_{va1} - \tan\alpha) + z_{v2}(\tan\alpha_{va2} - \tan\alpha)\right]$	
齿宽	b	$b \leqslant \dfrac{R}{3}$ （取整数）	

习 题

6-1 齿轮传动要匀速、连续、平稳地进行必须满足哪些条件？

6-2 渐开线具有哪些重要的性质？渐开线齿轮传动具有哪些优点？

6-3 具有标准中心距的标准齿轮传动具有哪些特点？

6-4 何谓齿轮传动的重合度？重合度的大小与齿数 z、模数 m、压力角 α、齿顶高系数 h_a^*、顶隙系数 c^* 及中心距 a 之间有何关系？

6-5 齿轮齿条啮合传动有何特点？为什么说无论齿条是否为标准安装,啮合线的位置都不会改变？

6-6 节圆与分度圆、啮合角与压力角有什么区别？

6-7 何谓根切？它有何危害,如何避免？

6-8 齿轮为什么要进行变位修正？齿轮正变位后和变位前比较,参数 $z,m,a,h_a,h_f,d,d_a,d_f,d_b,s,e$ 作何变化？

6-9 为什么斜齿轮的标准参数要规定在法面上,而其几何尺寸却要按端面来计算？

6-10 什么是斜齿轮的当量齿轮？为什么要提出当量齿轮的概念？

6-11 斜齿轮传动具有哪些优点？可用哪些方法来调整斜齿轮传动的中心距？

6-12 平行车油和交错轴斜齿轮传动有哪些异同点？

6-13 何谓蜗轮蜗杆传动的中间平面？蜗轮蜗杆传动的正确啮合条件是什么？

6-14 蜗轮蜗杆传动可用作增速传动吗？

6-15 以前蜗轮蜗杆传动的蜗杆头数为 1～4 头，而现在发展为 1～10 头，试说明为什么有这种发展变化？

6-16 什么是直齿锥齿轮的背锥和当量齿轮？一对锥齿轮大端的模数和压力角分别相等是否是其能正确啮合的充要条件？

6-17 为什么要计算锥齿轮的分锥角、顶锥角和根锥角？如何计算直齿锥齿轮的顶锥角？

6-18 题 6-18 图中的 C、C'、C'' 为由同一基圆上生成的几条渐开线。试证明其任意两条渐开线（不论是同向的还是反向的）沿公法线方向对应网点之间的距离处处相等。

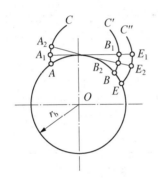

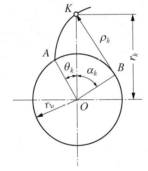

题 6-18 图　渐开线的公法线　　题 6-19 图　渐开线函数

6-19 在题 6-19 图中，已知基圆半径 $r_b = 50\,mm$，现需求：
(1) 当 $r_k = 65\,mm$ 时，渐开线的展角 θ_k、渐开线的压力角 α_k 和曲率半径 ρ_k。
(2) 当 $\theta_k = 5°$ 时，渐开线的压力角 α_k 以及向径 r_k 的值。

6-20 设有一渐开线标准齿轮，$z=26$，$m=3\,mm$，$h_a^*=1$，求其齿廓曲线在分度圆和齿顶圆上的曲率半径及齿顶圆压力角。

6-21 在一机床的主轴箱中有一直齿圆柱渐开线标准齿轮。发现该齿轮已经损坏，需要重做一个齿轮更换，试确定这个齿轮的模数。经测量，其压力角 $\alpha=20°$，齿数 $z=40$，齿顶圆直径 $d=83.82\,mm$，跨 5 齿的公法线长度 $L_5=27.512\,mm$，跨 6 齿的公法线长度 $L_6=33.426\,mm$。

6-22 已知一对渐开线标准外啮合圆柱齿轮传动的模数 $m=5\,mm$，压力角 $\alpha=20°$，中心距 $a=350\,mm$，传动比 $i_{1,2}=9/5$。试求两轮的齿数、分度圆直径、齿顶圆直径、基圆直径以及分度圆上的齿厚和齿槽宽。

6-23 试问当渐开线标准齿轮的齿根圆与基圆重合时，其齿数应为多少？又当齿数大于以上求得的齿数时。试问基圆与齿根圆哪个大？

6-24 设有一对外啮合齿轮的 $z_1=30$，$z_2=40$，$m=20\,mm$，$\alpha=20°$，$h_a^*=1$。试求当 $a'=$

725 mm 时,两轮的啮合角 α'。又当啮合角 $\alpha'=22°30'$ 时,试求其中心距 a'。

6−25 一对齿数皆为 30 的外啮合标准直齿圆柱齿轮传动、压力角为 20°,模数为 8 mm,采用非标准中心距安装,其重合度为 1.3,求其实际中心距与啮合角。

6−26 已知一对外啮合变位齿轮传动的 $z_1=z_2=12$,$m=10$ mm,$a=20°$,$h_a^*=1$,$a'=130$ mm,试设计这对齿轮(取 $x_1=x_2$)。

6−27 设已知一对斜齿轮传动的 $z_1=20$,$z_2=40$,$m_n=8$ mm,$\beta=15°$(初选值),$B=30$ mm,$h_a^*n=1$。试求 α(应圆整,并精确重算 β),ε_γ,z_{v1} 及 z_{v2}。

6−28 一蜗轮的齿数 $z_2=40$,$d_2=200$ mm,与一单头蜗杆啮合,试求:

(1) 蜗轮端面模数 m_{t2} 及蜗轮轴面模数 m_{t1};

(2) 蜗杆的轴面齿距 p_{x1},及导程 l;

(3) 两轮的中心距 a;

(4) 蜗杆的导程角 γ_1、蜗轮的螺旋角 β_2 及两者轮齿的旋向。

6−29 在图中,

(1) 已知 $a_k=20$,$r_b=46.985$ mm,求 r_k、AB 之值及点 K 处曲率半径 ρ_k;

(2) 当 $\theta_i=3.25°$ 时,r_b 仍为 46.985 mm 时,求 α_i 及 r_i。

6−30 当 $\alpha=20°$,$h_a^*=1$,$c^*=0.25$ 的渐开线标准外齿轮的齿根圆和基圆重合时,其齿数应为多少? 当齿数大于所求出的数值时,基圆与齿根圆哪个大,为什么?

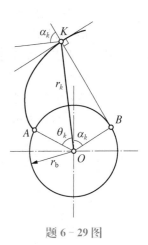

题 6−29 图

6−31 一对渐开线外啮合直齿圆柱齿轮机构,两轮的分度圆半径分别为 $r_1=30$ mm,$r_2=54$ mm,$\alpha=20°$,试求:

(1) 当中心距 $a'=86$ mm 时,啮合角 α' 等于多少? 2 个齿轮的节圆半径 r'_1 和 r'_2 各为多少?

(2) 当中心距变为 $a'=87$ mm 时,啮合角 α' 和节圆半径 r'_1,r'_2 又各等于多少?

(3) 以上 2 种中心距情况下的两对节圆半径的比值是否相等,为什么?

6−32 已知一对渐开线外啮合标准直齿圆柱齿轮机构,$\alpha=20°$,$h_a^*=1$,$m=4$ mm,$z_1=18$,$z_2=41$。试求:

(1) 两轮的几何尺寸 r,r_b,r_f,r_a 和标准中心距 a 以及重合度 ε_a;

(2) 用长度比例尺 $\mu_1=0.5$ mm/mm 画出理论啮合线 $\overline{N_1N_2}$,在其上标出实际啮合线 $\overline{B_1B_2}$,并标出一对齿啮合区、两对齿啮合区以及节点 C 的位置。

6−33 某牛头刨床中,有一对渐开线外啮合标准齿轮传动,已知 $z_1=17$,$z_2=118$,$m=5$ mm,$h_a^*=1$,$\alpha'=337.5$ mm。 检修时发现小齿轮严重磨损,必须报废。大齿轮磨损较轻,沿分度圆齿厚共需磨去 0.91 mm,可获得光滑的新齿面,拟将大齿轮修理后使用,仍用原来的箱体,试设计这对齿轮。

6−34 在如图所示的回归轮系中,已知 $z_1=27$,$z_2=60$,$z'_2=63$,$z_3=25$,压力角均为 $\alpha=$

20°,模数均为 $m=4\,\text{mm}$。试问有几种(传动类型配置)设计方案?哪一种方案较合理,为什么?(不要求计算各轮几何尺寸)

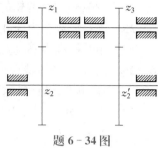

题 6-34 图

6-35 一对渐开线外啮合直齿圆柱齿轮,原设计为标准齿轮,已知 $m=4\,\text{mm}$,$\alpha=20°$,$h_a^*=1$,$z_1=23$,$z_2=47$。由于传动比由原来的 $i_{12}=\dfrac{47}{23}$ 改为 $i_{12}=\dfrac{47}{23}$,故欲在中心距与齿数 z_1 均不变的情况下,将 z_2 改为 46,且 z_2 不变位,试设计这对齿轮。z_2 是否是标准齿轮?试用长度比例 $\mu_1=1\,\text{mm/mm}$ 定下中心距,画出基圆和 z_1 为主动轮逆时针方向转动时的理论啮合线 $\overline{N_1N_2}$,在其上标出实际啮合线 $\overline{B_1B_2}$ 以及一对齿啮合和 2 对齿啮合区。

6-36 某技术人员欲设计一机床变速箱中的一对渐开线外啮合圆柱齿轮机构,以传递两平行轴运动,已知 $z_1=10$,$z_2=13$,$m=12\,\text{mm}$,$\alpha=20°$,$h_a^*=1$,要求两轮刚好不发生根切,试设计这对齿轮(变位系数取小数点后 3 位),并分析计算结果。

6-37 一对渐开线标准平行轴外啮合斜齿圆柱齿轮机构,其齿数 $z_1=23$,$z_2=53$,$m_n=6\,\text{mm}$,$\alpha=20°$,$h_{an}^*=1$,$c_n^*=0.25$,$a=236\,\text{mm}$,$b=25\,\text{mm}$,试求:

(1) 分度圆螺旋角 β 和两轮分度圆直径 d_1,d_2;

(2) 两轮齿顶圆直径 d_{a1},d_{a2},齿根圆直径 d_{f1},d_{f2} 和基圆直径 d_{b1},d_{b2};

(3) 当量齿数 z_{v1},z_{v2};

(4) 重合度 $\varepsilon_y=\varepsilon_\alpha+\varepsilon_\beta$。

第7章

【 机械原理 】

齿轮系及其设计

7.1 齿轮系及其分类

在实际生产过程中,当2个齿轮组成的齿轮副不能满足工作需求时,就需要使用由一系列齿轮组成的齿轮机构传动。这种由一系列的齿轮所组成的传动系统称为齿轮系,简称轮系(gear train)。

根据轮系运转时各个齿轮的轴线相对于机架的位置是否固定,可以将轮系分为3类。

(1)定轴轮系

如果在轮系运转时,其各个齿轮的轴线相对于机架的位置都是固定的,那么这种轮系就称为定轴轮系(fixed axis gear train),图7-1所示即定轴轮系。

(2)周转轮系

如果轮系运转时,至少有一个齿轮轴线绕着其他齿轮的固定轴线回转,这种轮系称为周转轮系(epicyclic gear train),如图7-2所示。其中,齿轮1和内齿轮3都围绕着固定轴线OO回转,称为太阳轮(sun gear)。齿轮2用回转副与构件H相连,它一方面绕着自己的轴线自转,另一方面又随着H一起绕着固定轴线做公转,因为这种运动方式与行星的运动相似,故而称为行星轮(planetary gear)。构件H称为行星架、转臂或系杆(planet carrier)。在周转轮系中,一般都以太阳轮和行星架作为输入和输出构件,因此将它们称为周转轮系的基本构件(basic link)。基本构件都围绕着同一固定轴线回转。

周转轮系还可根据其自由度的数目,做进一步的划分。若自由度为2(见图7-2(a)),则称其为差动轮系(differential gear train);若自由度为1(见图7-2(b),其中轮3为固定轮),则称其为行星轮系(planetary gear train)。

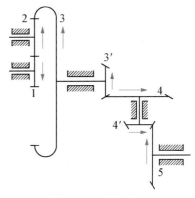

图7-1 定轴轮系

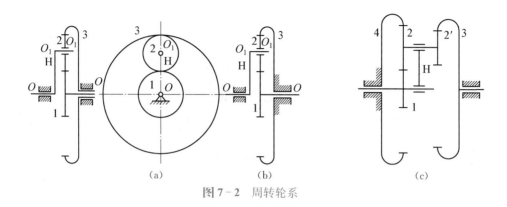

图 7-2 周转轮系

(3) 复合轮系

在实际机械中所用的轮系,往往既包含定轴轮系部分,又包含周转轮系部分(见图 7-3),或者是由几部分周转轮系组成的(见图 7-4),这种轮系称为复合轮系(compound planetary train)。

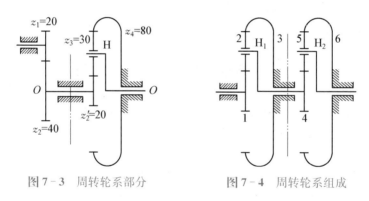

图 7-3 周转轮系部分   图 7-4 周转轮系组成

7.2 定轴轮系的传动比

根据定义,一对齿轮的传动比为输入齿轮的角速度与输出齿轮的角速度之比。轮系的传动比为轮系中首、末两构件的角速度之比。轮系的传动比包括传动比的大小和首、末端构件的转向关系 2 个方面。

1. 传动比大小的计算

现以图 7-5 所示定轴轮系为例来介绍定轴轮系传动比大小的计算方法。该轮系由齿轮对 1、2,2、3,$3'$、4 和 $4'$、5 组成,若轮 1 为首轮,轮 5 为末轮,则此轮系的传动比为 $i_{15}=\omega_1/\omega_5$。轮系中各对啮合齿轮的传动比的大小为

$$i_{j,j+1}=\frac{\omega_j}{\omega_{j+1}}=\frac{z_{j+1}}{z_j}$$

由图可见,主动轮 1 到从动轮 5 之间的传动是通过上述各对齿轮的依次传动来实现的。因此,为了求得轮系的传动比 i_{15},可将各对齿轮的传动比连乘起来,得

$$i_{15} = \frac{\omega_1}{\omega_5} = i_{12}i_{23}i_{34}i_{45} = \frac{z_2 z_3 z_4 z_5}{z_1 z_2 z_3 z_4} \qquad (7-1)$$

即

$$i_{12}i_{23}i_{34}i_{45} = \frac{\omega_1}{\omega_2} \cdot \frac{\omega_2}{\omega_3} \cdot \frac{\omega_3}{\omega_4} \cdot \frac{\omega_4}{\omega_5} = \frac{\omega_1}{\omega_5}$$

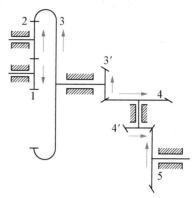

图 7-5 定轴轮系

式(7-1)说明,定轴轮系的传动比等于组成该轮系的各对啮合齿轮传动比的连乘积;也等于各对啮合齿轮中所有从动轮齿数的连乘积与所有主动轮齿数的连乘积之比,即

$$定轴轮系传动比 = \frac{所有从动轮齿数乘积}{所有主动轮齿数乘积}$$

2. 首、末轮转向关系的确定

在上述轮系中,设首轮 1 的转向已知,并如图中箭头所示(箭头方向表示齿轮可见侧的圆周速度的方向),则首、末两轮的转向关系可用标注箭头的方法来确定,如图 7-5 所示。因为一对啮合传动的圆柱或圆锥齿轮在其啮合节点处的圆周速度是相同的,所以标志两者转向的箭头不是同时指向节点,就是同时背离节点。根据此法则,在用箭头标出轮 1 的转向后,其余各轮的转向便可依次用箭头标出。由图 7-5 可见,该轮系首、末两轮的转向相反。

当首、末两轮的轴线彼此平行时,两轮的转向不是相同就是相反;当两者的转向相同时,规定其传动比为"+",反之为"一"。故图示轮系的传动比为 $i_{15} = \frac{\omega_1}{\omega_5} = -\frac{z_2 z_3 z_4 z_5}{z_1 z_2 z_{3'} z_{4'}}$,但必须指出,若首、末两轮的轴线不平行,其间的转向关系只能在图上用箭头来表示。在图 7-5 所示轮系中,轮 2 对轮 1 为从动轮,但轮 2 对轮 3 又为主动轮,故其齿数的多少并不影响传动比的大小,而仅起着中间过渡和改变从动轮转向的作用,故称其为惰轮或中介轮(idler)。

7.3 周转轮系的传动比

周转轮系和定轴轮系的差别在于前者有齿轮的中心轴绕其他轴转动,因此传动比不能直接用定轴轮系传动比公式计算。

为了利用定轴轮系公式计算周转轮系传动比,可以根据相对运动原理,取行星架为静止参照系。此时各构件之间的相对运动没有变化,轮系中所有构件均获得一个与行星架转速大小相等、方向相反的公共角速度 $-\omega_H$,行星架的角速度变为 0。也就是相当于行星轮中心

轴线不再绕其他轴线转动,此时行星轮只有自转,不再存在公转。因为其他构件均为定轴转动,故只有转速受到影响,回转方式没有变化。这样周转轮系即转化为定轴轮系,传动比可以按照定轴轮系公式计算。

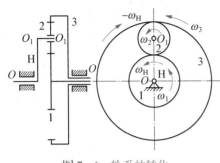

图 7-6 轮系的转化

这种转化所得的定轴轮系称为原周转轮系的转化轮系(inverted gear train)或转化机构。通过它可得出周转轮系中各构件之间角速度的关系,进而求得周转轮系的传动比。现以图 7-6 为例展开具体论述。

由图 7-6 可知,当整个周转轮系加上一个公共角速度$-\omega_H$以后,其各构件的角速度的变化如表 7-1 所示。

表 7-1 各构件的角速度的变化

构件	原有角速度	在转化轮系中的角速度 (即相对于行星架的角速度)
齿轮 1	ω_1	$\omega_1^H = \omega_1 - \omega_H$
齿轮 2	ω_2	$\omega_2^H = \omega_2 - \omega_H$
齿轮 3	ω_3	$\omega_3^H = \omega_3 - \omega_H$
机架 4	$\omega_4 = 0$	$\omega_4^H = \omega_4 - \omega_H = -\omega_H$
行星架 H	ω_H	$\omega_H^H = \omega_H - \omega_H = 0$

由表 7-1 可知,由于$\omega_4 = 0$,所以该周转轮系已转化为如图 7-7 所示的定轴轮系(即该周转轮系的转化轮系)。

3 个齿轮相对于行星架 H 的角速度即它们在转化轮系中的角速度ω_1^H、ω_2^H、ω_3^H。于是转化轮系的传动比i_{13}^H为

$$i_{13}^H = \frac{\omega_1^H}{\omega_3^H} = \frac{\omega_1 - \omega_H}{\omega_3 - \omega_H} = -\frac{z_2 z_3}{z_1 z_2} = -\frac{z_3}{z_1}$$

式中,齿数比前的"$-$"号表示在转化轮系中轮 1 与轮 3 的转向相反(即ω_1^H与ω_3^H的方向相反)。

在上式中包含了周转轮系中各基本构件的角速度和各轮齿数之间的关系,在齿轮齿数已知时,若ω_1、ω_3及ω_H中有两者已知(包括大小和方向),就可求得第三者(包括大小和方向)。

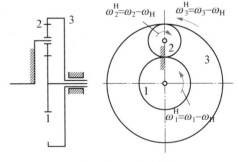

图 7-7 转化轮系

根据上述原理,不难得出计算周转轮系传动比的一般关系式。设周转轮系中的两个太阳轮分别为 m 和 n,行星架为 H,则其转化轮系的传动比i_{mn}^H可表示为

$$i_{mn}^H=\frac{\omega_m^H}{\omega_n^H}=\frac{\omega_m-\omega_H}{\omega_n-\omega_H}=\pm\frac{转化轮系中由\ m\ 至\ n\ 各从动轮齿数乘积}{转化轮系中由\ m\ 至\ n\ 各主动轮齿数乘积}$$

对于已知周转轮系来说,其转化轮系的传动比 i_{mn}^H 的大小和"$\pm$"号均可确定。在这里要特别注意式中的"$\pm$"号的确定及其含义。

7.4 复合轮系的传动比

例 7-1 图 7-8 所示为一电动卷扬机的减速器运动简图,设已知各轮齿数,试求其传动比 i_{15}。

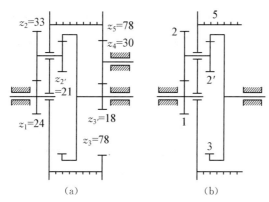

(a)   (b)

图 7-8 电动卷扬机的减速运动简图

计算复合轮系中两构件传动比的步骤为:

1. 划分轮系

一个复合轮系可能由多个基本轮系组成。想要求两个构件的传动比,通常需要将复合轮系划分为几个基本轮系。

划分轮系的关键是找行星轮,只要齿轮的轴没装在机架上,就是一定行星轮。安装行星轮轴的构件就是行星架(系杆)。

轮系划分的基本原则:

(1) 有行星架的一定是周转轮系,没有行星架的一定是定轴轮系,一个行星架只能对应一个周转轮系。

(2) 安装在行星架上的齿轮是行星轮。

(3) 所有与行星轮直接啮合的齿轮都和这个行星轮属于同一个周转轮系。

(4) 行星架上的所有齿轮和行星架属于同一个周转轮系。

注意:一个构件可以既在一个轮系中做行星架,同时又在另一个轮系中做齿轮与其他齿

轮啮合,但不可能在同一个轮系中既做行星架又做齿轮。所以与行星架相啮合的齿轮和行星架上的齿轮一定不属于同一轮系。这是划分轮系的重要依据。

图7-9中构件5在周转轮系中做行星架,同时在定轴轮系中做内齿轮。双联行星轮2-2′、行星架5及两个太阳轮1、3组成周转轮系(见图7-9(b))。

齿轮3′、4、5组成定轴轮系。

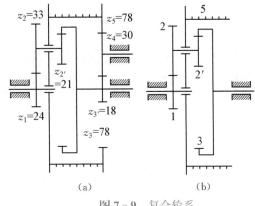

图7-9　复合轮系

2. 列出各基本轮系传动比计算式

注意:列传动比计算式时,应优先选择题目所求

传动比齿轮作为机架的齿轮或与其他基本轮系齿轮同轴的齿轮列式。因为所求传动比齿轮必须参与计算方可求得;同轴上的齿轮转速相同,方便下一步联立求解;机架齿轮转速为零,可减少一个未知数。

对周转轮系1-2-2′-3:

$$i_{13}^5 = \frac{n_1 - n_5}{n_3 - n_5} = -\frac{z_2 z_3}{z_1 z_{2'}} \tag{7-2}$$

本式中齿轮1、5为所求传动比齿轮,齿轮3与3′同轴且属不同基本轮系,因此选择这3个构件列式。

对定轴轮系3′-4-5:

$$i_{3'5} = \frac{n_{3'}}{n_5} = -\frac{z_5}{z_{3'}} \tag{7-3}$$

$$n_{3'} = -\frac{z_5}{z_{3'}} \cdot n_5$$

3. 联立求解

因为齿轮3与齿轮3′同轴,所以转速相等

$$n_3 = n_{3'} = -\frac{z_5}{z_{3'}} \cdot n_5 \tag{7-4}$$

将式(7-4)代入式(7-2),得

$$i_{13}^5 = \frac{n_1 - n_5}{n_3 - n_5} = \frac{n_1 - n_5}{n_{3'} - n_5} = \frac{n_1 - n_5}{-\frac{z_5}{z_{3'}} \cdot n_5 - n_5} = -\frac{z_2 z_3}{z_1 z_{2'}}$$

即

$$\frac{n_1 - n_5}{-\frac{z_5}{z_{3'}} \cdot n_5 - n_5} = -\frac{z_2 z_3}{z_1 z_{2'}}$$

上式左侧分子分母同除以 n_5，得

$$\frac{\dfrac{n_1}{n_5}-1}{-\dfrac{z_5}{z_{3'}}\cdot 1-1}=-\frac{z_2 z_3}{z_1 z_{2'}}$$

将各齿轮齿数代入，解得

$$i_{15}=\frac{n_1}{n_5}=28.24$$

注意：在求解传动比过程中，经常会出现因为方程数量不足而无法求出齿轮转速的情况。通常的处理方法是将等式一侧分子分母同时除以一个齿轮的转速，得到一个关于所求传动比的一元一次方程，进而求出传动比。

7.5 轮系的功用

轮系在各种机械中的应用十分广泛，其功用主要有下几个方面：

（1）实现分路传动

利用轮系可以使一个主动轴带动若干个从动轴同时旋转，以带动各个部件或附件同时工作。

（2）获得较大的传动比

一对齿轮的传动比是有限的，当需要大的传动比时应采用轮系来实现，特别是采用周转轮系，可用很少的齿轮、紧凑的结构，得到很大的传动比。

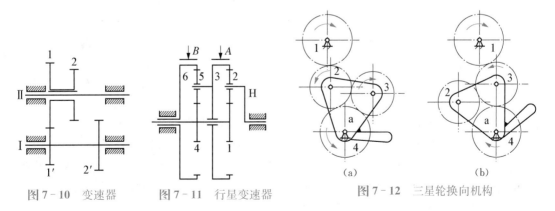

图 7-10 变速器　　图 7-11 行星变速器　　图 7-12 三星轮换向机构

（3）实现变速传动

在主动轴转速不变的条件下，利用轮系可使从动轴得到若干种转速，这种传动称为变速传动。在图 7-10 所示的轮系中，齿轮 1、2 为一整体，用导向键与轴Ⅱ相连，可在轴Ⅱ上滑

动,当分别使齿轮 1 与 1′或 2 与 2′啮合时,可得两种速比。

图 7-11 所示为一简单的二级行星轮系变速器,分别固定太阳轮 3 或 6 可得到两种传动比。这种变速器虽较复杂,但可在运动中变速,便于自动变速,有过载保护作用。在小轿车、工程机械等场合应用较多。

（4）实现换向传动

在主动轴转向不变的条件下,利用轮系可改变从动轴的转向。

图 7-12 所示为车床上走刀丝杠的三星轮换向机构,其中构件 a 可绕轮 4 的轴线回转。在图 7-12(a) 所示位置时,从动轮 4 与主动轮 1 的转向相反;如转动构件 a 使其处于如图 7-12(b) 所示位置时,因轮 2 不参与传动,这时轮 4 与轮 1 的转向相同。

（5）实现运动的合成

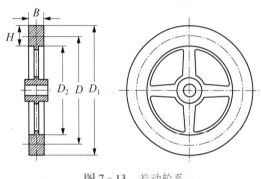

图 7-13　差动轮系

因差动轮系有两个自由度,故可独立输入两个主动运动,输出运动即此两运动的合成。如图 7-13 所示的差动轮系,因 $z_1 = z_3$,故

$$i_{13}^H = \frac{n_1 - n_3}{n_3 - n_H} = -\frac{z_3}{z_1} = -1$$

$$n_H = \frac{n_1 + n_3}{2}$$

上式说明,行星架的转速是轮 1、3 转速的合成,故此种轮系可用作和差运算。差动轮系可用作运动合成,在机床、模拟计算机、补偿调节装置等中得到了广泛的应用。

6. 实现运动的分解

差动轮系也可做运动的分解,即将一个主动运动按可变的比例分解为两个从动运动。现以汽车后桥上的差速器（见图 7-13）为例来说明。其中,齿轮 5 由发动机驱动,齿轮 4 固连行星架 H,行星架 H 上装有行星轮 2。齿轮 1、2、3 及行星架 H 组成一差动轮系。

在该差动轮系中,$z_1 = z_3$,$n_H = n_4$,有

$$(n_1 - n_4)/(n_3 - n_4) = -1 \tag{7-5a}$$

因该轮系有两个自由度,若仅由发动机输入一个运动时,将无确定解。

当汽车以不同的状态行驶（直行、左右转弯）时,两后轮应以不同的速比转动。如果汽车要左转弯,汽车的两前轮在转向机构（见图 7-14）的作用下,其轴线与汽车两后轮的轴线汇交于 P 点,这时整个汽车可看作绕着 P 点回转。在车轮与地面不打滑的条件下,两后轮的转速应与弯道半径成正比,由图 7-13 可知

$$n_1/n_3 = (r - L)/(r + L) \tag{7-5b}$$

式中,r 为弯道平均半径;L 为后轮距之半。

联立求解式(7-5a)和式(7-5b)可得两后轮的转速。

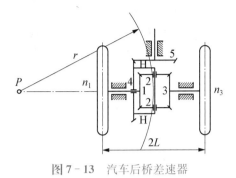

图 7-13　汽车后桥差速器

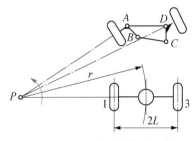

图 7-14　汽车前轮转向机构

7.6　几种特殊行星齿轮系

7.6.1　渐开线少齿差行星齿轮传动

当行星轮与内齿轮的齿数差 $\Delta z = z_2 - z_1 = 1 \sim 4$ 时,就称为少齿差行星齿轮传动。这种轮系用于减速时,行星架 H 为主动,行星轮 1 为从动。但要输出行星轮的转动,因行星轮有公转,须采用特殊输出装置。目前采用最广泛的是孔销式输出机构。如图 7-15 所示,在行星轮的辐板上沿圆周均布有若干个销孔,而在输出轴的圆盘的半径相同的圆周上则均布有同样数量的圆柱销,这些圆柱销对应地插入行星轮的上述销孔中。设齿轮 1 和齿轮 2 的中心距(即行星架的偏心距)为 a,行星轮上销孔的直径为 d_h,输出轴上销套的外径为 d_s,当这 3 个尺寸满足关系

$$d_h = d_a + 2a \tag{7-6}$$

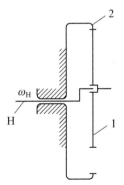

图 7-15　少齿差行星轮系

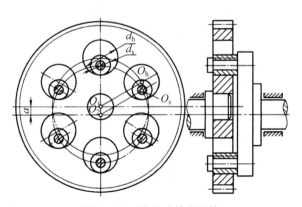

图 7-16　孔销式输出机构

时，就可以保证销轴和销孔在轮系运转过程中始终保持接触，如图 7-16 所示。这时内齿轮的中心 O_2、行星轮的中心 O_1、销孔中心 O_h 和销轴中心刚好构成一个平行四边形，因此输出轴将随着行星轮而同步同向转动，在这种少齿差行星齿轮传动中，只有一个太阳轮（用 K 表示）、一个行星架（用 H 表示）和一根带输出机构的输出轴（用 V 表示），故称这种轮系为 K-H-V 型行星轮系。

其传动比可按式（7-7）计算：

$$i_{1H} = 1 - i_{12}^H = 1 - \frac{z_2}{z_1} \tag{7-7}$$

故

$$i_{H1} = -\frac{z_1}{z_2 - z_1} \tag{7-8}$$

由式（7-8）可见，如齿数差（$z_2 - z_1$）很小就可以获得较大的单级减速比，当 $z_2 - z_1 = 1$（即一齿差）时，则 $i_{1H} = -z_1$。渐开线少齿差行星传动适用于中小型的动力传动（一般小于等于 45 kW），其传动效率为 0.8～0.94。

图 7-17 所示为带电动机的渐开线二齿差行星传动减速器。其传递功率 $P = 18.5$ kW，传动比 $i = 30.5$，采用了 2 个互成 180° 的行星轮，以改善它的平衡性能和受力状态。输出机构为孔销式，为了减小摩擦磨损及使磨损均匀，在销轴上装有活动的销套。

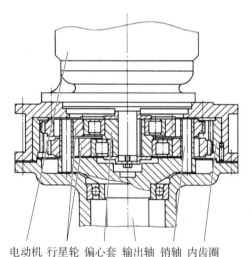

电动机 行星轮 偏心套 输出轴 销轴 内齿圈

图 7-17 二齿差行星减速器

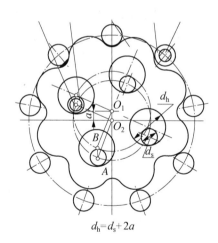

$d_h = d_s + 2a$

图 7-18 摆线针轮传动

7.6.2 摆线针轮传动

如图 7-18 所示的摆线针轮传动（cycloidal drive）也称为一齿差行星齿轮传动，它和渐开线一齿差行星齿轮传动的主要区别在于其轮齿的齿廓不是渐开线而是摆线。摆线针轮传动由于同时工作的齿数多，传动平稳，承载能力大，传动效率一般在 0.9 以上，传递的功率已达 100 kW;摆线针轮传动已有系列商品规格生产,是目前世界各国产量最大的一种减速器,其应用十分广泛。

7.6.3 谐波齿轮传动

谐波齿轮(harmonic gear drive)传动的工作原理如图 7-19 所示。用薄壁滚动轴承凸轮式波发生器为主动件,柔轮为从动件,刚轮固定。当波发生器装入柔轮后,迫使柔轮由原来的圆形变为椭圆形,其长轴两端附近的齿与刚轮的齿完全啮合,短轴两端附近的齿则与刚轮的齿完全脱开。当波发生器转动时,柔轮的变形部位也随之转动,使柔轮的齿依次进入啮合再退出啮合,以实现啮合传动。

图 7-19 谐波齿轮传动

由于在传动过程中,柔轮的弹性变形波近似于谐波,故称为谐波齿轮传动。波发生器上的凸起部位数称为波数,用 n 来表示。图 7-19 所示为双波传动。刚轮与柔轮的齿数差通常等于波数,即 $z_r - z_s = n$。 谐波齿轮传动的传动比可按周转轮系来计算。当刚轮 r 固定时,有

$$i_{sH} = 1 - i_{sr}^{H} = 1 - \frac{z_r}{z_s}$$

即

$$i_{Hs} = -\frac{z_s}{z_r - z_s}$$

谐波齿轮传动的优点是:单级传动比大且范围宽;同时啮合的齿数多,承载能力高;传动平稳,传动精度高,磨损小;在大的传动比下,仍有较高的传动效率;零件数少,重量轻,结构紧凑;具有通过密封壁传递运动的能力等。其缺点是:起动力矩较大,且速比越小越严重;柔轮易发生疲劳破坏;啮合刚度较差;装置发热较大等。谐波齿轮传动发展迅速,应用广泛,其传递功率可达数十千瓦,负载转矩可达数万牛米,传动精度可达几秒量级。

7-1 计算题 7-1 图所示定轴轮系的传动比 i_{13} 和 i_{15},并确定各个齿轮的转向。

7-2 分别确定题 7-2 图所示 2 个定轴轮系中齿轮 1、4 的传动比 i_{14} 及轮系 4 的转向。

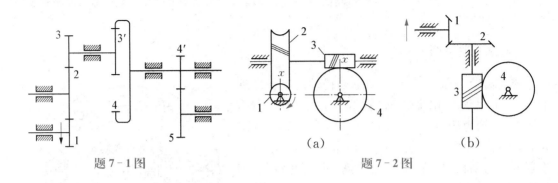

题 7-1 图　　　　　　　　　　题 7-2 图

7-3　计算题 7-3 图中 6 个周转轮系的传动比,画出以系杆为支架的转换定轴轮系。

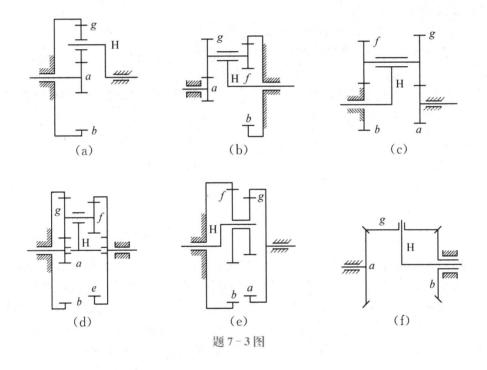

题 7-3 图

7-4　题 7-4 图所示为纺织机的差动轮系,已知各轮系齿数为 $z_1=30$, $z_2=25$, $z_3=z_4=24$, $z_5=30$, $z_6=121$, $n_1=200$ r/min, $n_H=316$ r/min, 求 n_6。

7-5　在题 7-5 图所示的轮系中,已知 $z_1=30$, $z_2=26$, $z_{2'}=z_3=z_4=21$, $z_{4'}=30$, $z_5=2$(右旋蜗杆), $n_1=260$ r/min, $n_5=600$ r/min, 求 i_{1H}。

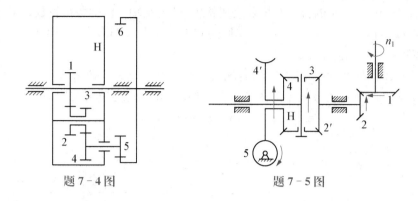

題 7-4 图　　　　　　　　　題 7-5 图

7-6　题 7-6 图所示为坦克右侧转向机构,各齿轮数已知。当坦克直线前进时,轮 3 被制动 $(n_3 = 0)$,发动机直接驱动履带。当坦克转弯时,松开轮 3 的制动,履带和系杆 H 在地面摩擦下停转,使轮 3 空转,右履带不动。求当坦克直线前进时的传动比 i_{15}。

7-7　题 7-7 图所示为一直升机飞行的行星减速齿轮,各齿轮齿数已知,求 i_{1b}。

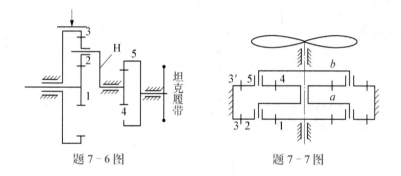

題 7-6 图　　　　　　　　　題 7-7 图

7-8　题 7-8 图所示为一卷扬机的减速器,求 i_{15}。

7-9　题 7-9 图所示为自动化照明灯具的传动装置,已知 $n_1 = 19.5\,\text{r/min}$,个齿轮齿数 $z_1 = 60$,$z_2 = z_3 = 30$,$z_4 = z_5 = 40$,$z_6 = 120$,求箱体 B 的速度 n_B。

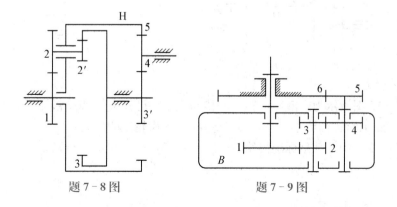

題 7-8 图　　　　　　　　　題 7-9 图

7－10 在题 7－10 图所示的自行车里程表机构中，C 为车轴。已知各齿轮数，$z_1=17$，$z_3=$ 23，$z_4=19$，$z_{4'}=20$，$z_5=24$，车胎的有效直径为 0.7 m，当车行 1000 m 时，指针 P 刚好转一圈，求齿轮 2 的齿数。

7－11 题 7－11 图所示为一复合轮系，各轮齿数在括号内，求传动比 i_{1H}。

7－12 题 7－12 图所示为极大传动比试速器，已知 1 和 5 均为单头右旋蜗杆，各轮齿数 $z_{1'}$ $=101$，$z_2=99$，$z_{2'}=z_4$，$z_{4'}=100$，$z_{5'}=100$，求 i_{1H}。

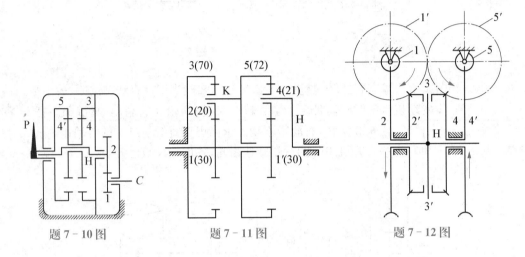

题 7－10 图　　　　题 7－11 图　　　　题 7－12 图

7－13 如题 7－13 图所示，$z_1=20$，$z_2=50$，$z_{2'}=18$，$z_3=20$，$z_{3'}=100$，$z_4=30$，求 i_{H4}。

7－14 如题 7－14 图所示，$z_1=z_{2'}=25$，$z_2=z_3=20$，$z_H=100$，$z_4=20$，求 i_{14}。

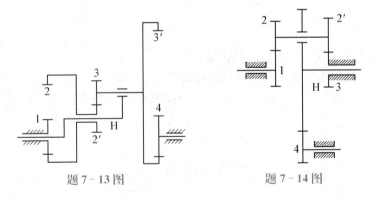

题 7－13 图　　　　题 7－14 图

7－15 题 7－15 图所示为一液压回转台的传动机构。已知 $z_2=15$，液压马达转速为 $n_M=$ 12 r/min，回转台转速 $n_H=-1.5$ r/min，求齿轮 1 的齿数。

7－16 题 7－16 图中全部是标准齿轮，$z_1=z_2=25$，$z_2=20$，$z_{5'}=75$，$z_{3'}=z_5$，求 i_{1H}。

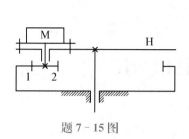

题 7 - 15 图

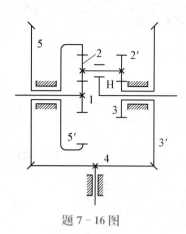

题 7 - 16 图

第8章

其他常用机构

在各种机器中,除前面各章所介绍的常用机构外,还经常用到其他类型的一些机构,如各类间歇运动机构、非圆齿轮机构、螺旋机构、组合机构及含有某些特殊元器件的广义机构等。本章将对这些机构的工作原理、运动特点、应用情况及设计要点分别予以简要介绍。

8.1 棘 轮 机 构

8.1.1 棘轮机构的组成及其工作特点

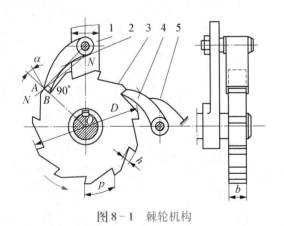

图 8-1 棘轮机构

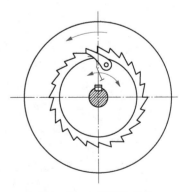

图 8-2 内接棘轮机构

棘轮机构的典型结构形式如图 8-1 所示,它是由摇杆 1、棘爪 2、棘轮 3 和止动爪 4 等组成的。弹簧 5 用来使止动爪 4 和棘轮 3 保持接触。同样,可在摇杆 1 与棘爪 2 之间设置弹簧。棘轮 3 固装在传动轴上,而摇杆 1 则空套在传动轴上。当摇杆 1 逆时针摆动时,棘爪 2

推动棘轮 3 转过某一角度。当摇杆 1 顺时针转动时,止动爪 4 阻止棘轮 3 顺时针转动,棘爪 2 在棘轮 3 的齿背上滑过,棘轮静止不动。故当摇杆连续往复摆动时,棘轮便得到单向的间歇运动。

棘轮机构结构简单、制造方便、运动可靠;而且棘轮轴每次转过角度的大小可以在较大的范围内调节,这些都是它的优点。其缺点是工作时有较大的冲击和噪声,而且运动精度较差。所以,棘轮机构常用于速度较低和载荷不大的场合。

8.1.2　棘轮机构的类型及应用

棘轮上的齿大多做在棘轮的外缘上,构成外接棘轮机构(见图 8-1);若做在内缘上,则构成内接棘轮机构(见图 8-2)。上述两种棘轮机构均用于单向间歇传动。如工作需要棘轮做不同转向的间歇运动时,则可如图 8-3 所示,把棘轮的齿制成矩形,而棘爪可制成可翻转的。当棘爪处在图示位置 B 时,棘轮可获得逆时针单向间歇运动;而当把棘爪绕轴销 A 翻转到虚线所示位置时,棘轮即可获得顺时针单向间歇运动。

若要使摇杆来回摆动时都能使棘轮向同一方向转动,则可采用如图 8-4 所示的双动式棘轮机构,此种机构的棘爪可制成钩头的(见图 8-4(a))或直推的(见图 8-4(b))。

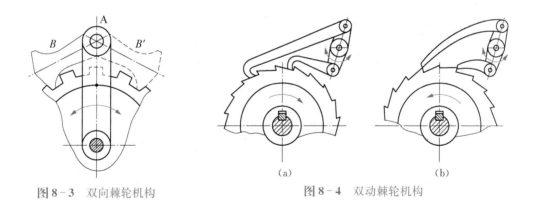

图 8-3　双向棘轮机构　　　　　　图 8-4　双动棘轮机构

棘轮机构常用于各种设备中,以实现进给、转位或分度的功能。图 8-5 所示的牛头刨床工作台的横向进给就是通过齿轮传动 1、2,曲柄摇杆机构 2、3、4,棘轮机构 4、5、7 来使与棘轮固连的丝杠 6 做间歇转动,从而使牛头刨床工作台实现横向间歇进给。若要改变工作台横向进给的大小,可改变曲柄长度 $\overline{O_2A}$ 的大小来实现。当棘爪 7 处在图示状态时,棘轮 5 沿逆时针方向做间歇进给。若将棘爪 7 拔出绕本身轴线转 180° 后再放下,由于棘爪工作面的改变,棘轮将改为沿顺时针方向间歇进给。

为改变棘轮每次转过角度的大小,还可采用如图 8-6 所示的方法,在棘轮外加装一个棘轮罩 4,以遮盖摇杆摆角范围内的一部分棘齿。这样,当摇杆逆时针摆动时,棘爪先在罩上滑动,然后才嵌入棘轮的齿间来推动棘轮转动。被罩遮住的齿越多,棘轮每次转过的角度就越小。

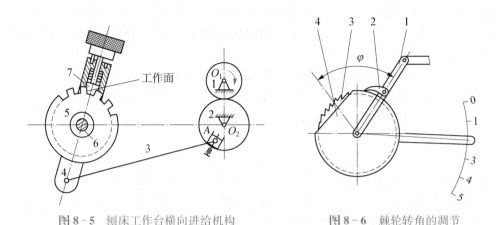

图8-5 刨床工作台横向进给机构　　　　图8-6 棘轮转角的调节

图8-7所示为用于电钟的棘轮机构,电子线路每秒钟准时地给电磁铁一个电脉冲,摇杆在电磁铁的吸引下向右摆动,其上棘爪推动棘轮转过一齿,固定在棘轮上的秒针走过1 s。当电磁铁断电后,在弹簧的作用下,摇杆向左摆回至碰到挡铁,棘爪空回。该棘轮再通过轮系带动分针和时针。

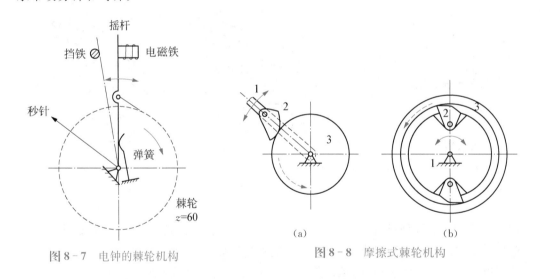

图8-7 电钟的棘轮机构　　　　图8-8 摩擦式棘轮机构

除了上述齿式棘轮机构外,还有摩擦式棘轮机构,如图8-8所示。其中,图8-8(a)为外接式,图8-8(b)为内接式。通过凸块2与从动轮3之间的摩擦力推动从动轮间歇转动,克服了齿式棘轮机构冲击噪声大、棘轮每次转过角度的大小不能无级调节的缺点,但其运动准确性较差。

图8-9所示的单向离合器可看作内接摩擦式棘轮机构。它由星轮1、套筒2、弹簧顶杆3及滚柱4等组成。若星轮1为主动件,当其逆时针回转时,滚柱借摩擦力而滚向楔形空隙的小端,并将套筒楔紧,使其随星轮一同回转;而当星轮顺时针回转时,滚柱被滚到空隙的大

端,将套筒松开,这时套筒静止不动。此种机构可用作单向离合器和超越离合器。所谓单向离合器是指当主动件向某一方向转动时,主、从动件结合;而当主动件向另一方向转动时,主、从动件分离。所谓超越离合器是指当主动轮 1 逆时针转动时,如果套筒 2 逆时针转动的速度更高,两者便自动分离,套筒 2 可以以较高的速度自由转动。自行车中的所谓飞轮也是一种超越离合器。

关于棘轮机构的其他参数和几何尺寸计算可参阅有关技术资料。

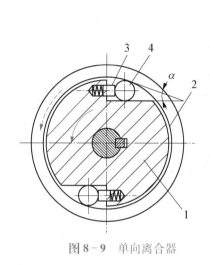

图 8-9 单向离合器

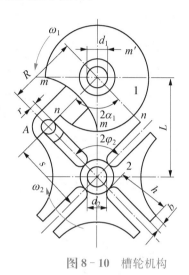

图 8-10 槽轮机构

8.2 槽 轮 机 构

8.2.1 槽轮机构的组成及工作特点

槽轮机构的典型结构如图 8-10 所示,它由主动拨盘 1、从动槽轮 2 和机架组成。拨盘 1 以等角速度做连续回转,当拨盘上的圆销 A 未进入槽轮的径向槽时,由于槽轮的内凹的锁止弧$\overset{\frown}{nn}$被拨盘 1 的外凸锁止弧$\overset{\frown}{mm}$卡住,故槽轮不动。图示为圆销 A 刚进入槽轮径向槽时的位置,此时锁止弧刚被松开。此后,槽轮受圆销 A 的驱使而转动。当圆销 A 在另一边离开径向槽时,锁止弧又被卡住,槽轮又静止不动。直至圆销 A 再次进入槽轮的另一个径向槽时,又重复上述运动。所以,槽轮做时动时停的间歇运动。

槽轮机构的结构简单,外形尺寸小,机械效率高,并能较平稳地、间歇地进行转位。但因传动时尚存在柔性冲击,故常用于速度不太高的场合。

8.2.2 槽轮机构的类型及应用

槽轮机构有外槽轮机构(见图 8-10)和内槽轮机构(见图 8-11)之分。它们均用于平行

轴间的间歇传动,但前者槽轮与拨盘转向相反,而后者则转向相同。外槽轮机构应用比较广泛。

图8-12所示为外槽轮机构在电影放映机中的应用情况,而图8-13所示为在单轴六角自动车床转塔刀架的转位机构中的应用情况。

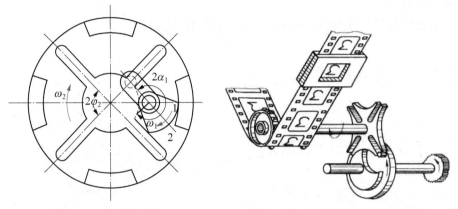

图8-11 内槽轮机构   图8-12 电影放映机的拨片机构

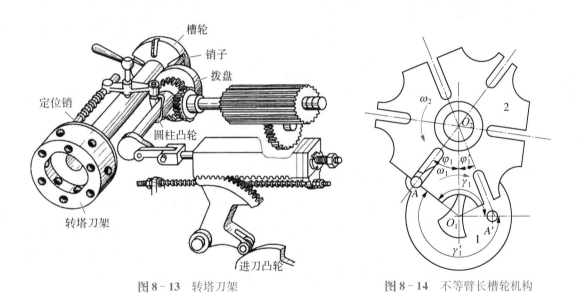

图8-13 转塔刀架   图8-14 不等臂长槽轮机构

通常,槽轮上的各槽是均匀分布的,并且用于传递平行轴之间的运动,这样的槽轮机构称为普通槽轮机构。在某些机械中还用到一些特殊形式的槽轮机构。图8-14所示的不等臂长的多销槽轮机构,其径向槽的径向尺寸不同,拨盘上圆销的分布也不均匀。这样,在槽轮转一周中,可以实现几个运动时间和停歇时间均不相同的运动要求。

当需要在两相交轴之间进行间歇传动时,可采用球面槽轮机构。图8-15所示为两相交轴间夹角为90°的球面槽轮机构。其从动槽轮2呈半球形,主动拨轮1的轴线及拨销3的轴线均通过球心,该机构的工作过程与平面槽轮机构相似。主动拨轮上的拔销通常只有一个,槽轮的动、停时间相等。如果在主动拨轮上对称地安装两个拔销,则当一侧的拔销由槽轮的槽中脱出时。另一个拔销进入槽轮的另一相邻的槽中,故槽轮连续转动。

8.2.3　普通槽轮机构的运动系数

在图 8-10 所示的外槽轮机构中,当主动拨盘 1 回转一周时,槽轮 2 的运动时间 t_d 与主动拨盘转一周的总时间 t_j 之比称为槽轮机构的运动系数,并用 K 表示,即

$$K = t_d/t_j \qquad (8-1)$$

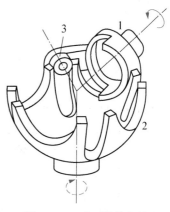

图 8-15　球面槽轮机构

因为拨盘 1 一般为等速回转,所以时间之比可以用拨盘转角之比来表示。图 8-10 所示为单圆销外槽轮机构,时间 t_d 与 t_j 所对应的拨盘转角分别为 $2\alpha_1$ 与 2π。故得外槽轮机构的运动系数为

$$K = \frac{t_d}{t_j} = \frac{2\alpha_1}{2\pi} = \frac{\pi - \frac{2\pi}{z}}{2\pi} = \frac{1}{2} - \frac{1}{z} = \frac{z-2}{2z} \qquad (8-2)$$

因为运动系数 K 应大于零,所以外槽轮的槽数 z 应大于或等于 3。由式(8-2)可知,其运动系数 K 总小于 0.5,故这种单销外槽轮机构槽轮的运动时间总是小于其静止时间。

如果在拨盘 1 上均匀地分布 n 个圆销,则当拨盘转动一周时,槽轮将被拨动 n 次,故运动系数是单销的 n 倍,即

$$K = \frac{n(z-2)}{2z} \qquad (8-3)$$

又因 K 值应小于或等于 1,由此得

$$n < \frac{2z}{z-2} \qquad (8-4)$$

而由式(8-4)可得槽数与圆销数的关系,如表 8-1 所示。

表 8-1　槽数与圆销数的关系

槽数 z	3	4	5、6	$\geqslant$
圆销数 n	1~6	1~4	1~3	1~2

8.3 凸轮式间歇运动机构

1. 凸轮式间歇运动机构的组成和特点

凸轮式间歇运动机构由主动凸轮 1 和从动盘 2 组成(见图 8-16),主动凸轮做连续转动,从动盘做间歇分度运动。只要适当设计出主动凸轮的轮廓,就可使从动盘的动载荷小,无刚性冲击和柔性冲击,能适应高速运转的要求。同时,它本身具有高的定位精度,机构结构紧凑,是当前公认的一种较理想的高速高精度的分度机构,目前已有专业厂家从事系列化生产。其缺点是加工精度要求高,对装配、调整要求严格。

2. 凸轮式间歇运动机构的类型及应用

(1) 圆柱凸轮间歇运动机构

图 8-16(a)即圆柱凸轮间歇运动机构,用于两相错轴间的分度传动。图 8-17(a)为其仰视图,图 8-17(b)为其展开图。为了实现可靠定位,在停歇阶段,从动盘上相邻两个柱销必须同时贴在凸轮直线轮廓的两侧。为此,凸轮轮廓上直线段的宽度应等于相邻两柱销表面内侧之间的最短距离:

$$b = 2R_2 \sin \alpha - d \qquad\qquad (8\ 5)$$

式中,R_2 为从动盘上柱销中心圆半径;α 为销距半角,即 $\alpha = \pi/z_2$;z_2 为从动盘的柱销数;d 为柱销直径。

凸轮曲线的升程等于从动盘上相邻两柱销间的弦距 l,即 $h = l = 2R_2 \sin \alpha$。

凸轮曲线的设计可按摆动推杆圆柱凸轮设计方案进行。设计时,通常凸轮的槽数为 1,从动盘的柱销数一般取 $z_2 \geqslant 6$。这种机构在轻载的情况下(如在纸烟、火柴包装、拉链嵌齿等机械中)间歇运动的频率每分钟可高达 1500 次。

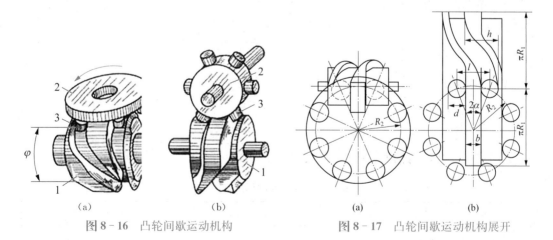

图 8-16 凸轮间歇运动机构   图 8-17 凸轮间歇运动机构展开

（2）蜗杆凸轮间歇运动机构

图 8-16(b)所示为一蜗杆凸轮间歇运动机构,其主动件 1 为圆弧面蜗杆式的凸轮,从动盘 2 为具有周向均布柱销的圆盘。当件 1 转动时,推动从动盘做间歇转动。从动盘上的柱销可采用窄系列的球轴承。并用调整中心距的办法来消除滚子表面和凸轮轮廓之间的间隙,以提高传动精度。

这种机构可在高速下承受较大的载荷,在要求高速、高精度的分度转位机械(如高速冲床、多色印刷机、包装机等)中,其应用日益广泛。它能实现每分钟 1200 次左右的间歇动作,而分度精度可达 $30''$。

（3）共扼凸轮式间歇运动机构

如图 8-18 所示,共轭凸轮式间歇运动机构由装在主动轴上的一对共轭平面凸轮 1 及 $1'$ 和装在从动轴上的从动盘 2 组成,在从动盘的两端面上各均匀分布有滚子 3 和 $3'$。两个共扼凸轮分别与从动盘两侧的滚子接触,在一个运动周期中,两凸轮相继推动从动盘转动,并保持机构的几何封闭。

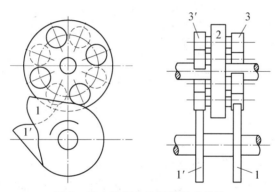

图 8-18 共扼凸轮间歇运动机构

这种机构具有较好的动力特性、较高的分度精度($15''\sim30''$)及较低的加工成本,因而在自动分度机构、机床的换刀机构、机械手的工作机构、X 光医疗诊断台中得到了广泛应用。

8.4 不完全齿轮机构

8.4.1 不完全齿轮机构的工作原理和特点

不完全齿轮机构是由齿轮机构演变而来的一种间歇运动机构。即在主动轮上只做出一部分齿,并根据运动时间与停歇时间的要求,在从动轮上做出与主动轮轮齿相啮合的轮齿。当主动轮做连续回转运动时,从动轮做间歇回转运动。在从动轮停歇期内,两轮轮缘各有锁止弧起定位作用,以防止从动轮的游动。在图 8-19(a)所示的不完全齿轮机构中,主动轮 1 上只有 1 个轮齿,从动轮 2 上有 8 个轮齿,故主动轮转一转时,从动轮只转 1/8 转。在图 8-

机械原理

19(b)所示的不完全齿轮机构中,主动轮 1 上有 4 个轮齿,从动轮 2 的圆周上具有 4 个运动段(各有 4 个齿)和 4 个停歇段。主动轮转一转,从动轮转 1/4 转。

不完全齿轮机构结构简单,容易制造,工作可靠,设计时从动轮的运动时间和静止时间的比例可在较大范围内变化,其缺点是有较大冲击,故只适用于低速、轻载场合。

8.4.2 不完全齿轮机构的类型及应用

不完全齿轮机构也有外啮合(见图 8-19)与内啮合(见图 8-20)及圆柱和圆锥不完全齿轮机构之分。

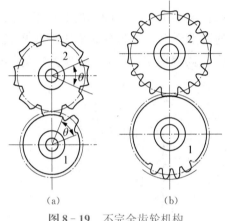

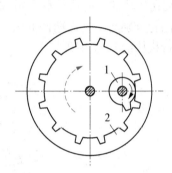

图 8-19　不完全齿轮机构

图 8-20　内啮合不完全齿轮机构

不完全齿轮机构多用于一些具有特殊运动要求的专用机械中。在图 8-21 所示的用于铣削乒乓球拍周缘的专用靠模铣床中就有不完全齿轮机构。加工时,主动轴 1 带动铣刀轴 2 转动。而另一个主动轴 3 上的不完全齿轮 4 和 5 分别使工件轴得到正、反两个方向的回转。当工件轴转动时,在靠模凸轮 7 和弹簧的作用下,使铣刀轴上的滚轮 8 紧靠在靠模凸轮 7 上,以保证加工出工件(乒乓球拍)的周缘。

不完全齿轮机构在电表、煤气表等的计数器中应用得很广。图 8-22 所示为 6 位计数

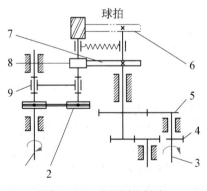

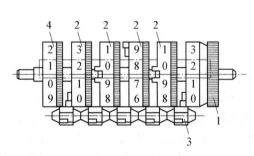

图 8-21　球拍周缘铣床

图 8-22　计数器

器,其轮 1 为输入轮,它的左端只有 2 个轮齿,各中间轮 2 和轮 4 的右端均有 20 个轮齿,左端也只有 2 个轮齿(轮 4 左端无齿),各轮之间通过轮 3 联系。当轮 1 转一转时,其相邻右侧轮 2 只转过 1/10 转,以此类推,故从右到左从读数窗口看到的读数分别代表了个、十、百、千、万、十万。

在传动过程中,从动轮开始运动和终止运动的瞬时存在刚性冲击,故不适用于高速传动。为了改善此缺点,可在两轮上加装瞬心线附加杆(见图 8 - 23)。此附加杆的作用是使从动轮在开始运动阶段,由静止状态按某种预定的运动规律(取决于附加杆上瞬心线的形状)逐渐加速到正常的运动速度;而在终止运动阶段,又借助另一对附加杆的作用,使从动轮由正常运动速度逐渐减速到静止。由于不完全齿轮机构在从动轮开始运动阶段的冲击,一般都比终止运动阶段的冲击严重,故有时仅在开始运动处加装一对附加杆,图 8 - 23 所示的不完全齿轮机构便是如此。

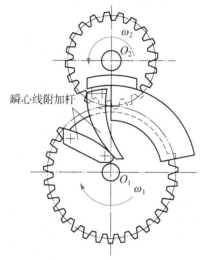
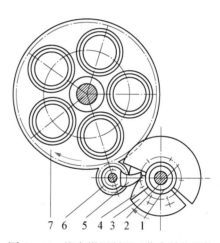

图 8 - 23　不完全齿轮的瞬心线附加杆　　图 8 - 24　蜂窝煤压制机工作台转位机构

图 8 - 24 所示为蜂窝煤饼压制机工作台的传动图。工作台 7 用 5 个工位来完成煤粉的填装、压制、退煤等动作,因此工作台需间歇转动,每次转动 1/5 转。为此,在工作台上装有一大齿圈 7,用中间齿轮 6 来传动,而主动轮 3 为不完全齿轮,它与齿轮 6 组成不完全齿轮机构。为了减轻工作台间歇起动时的冲击,在不完全齿轮 3 和齿轮 6 上加装了一对瞬心线附加杆 4 和 5,同时还分别装设了凸形和凹形圆弧板,以起锁止弧的作用。

值得注意的是,在不完全齿轮机构中,为了保证主动轮的首齿能顺利地进入啮合状态而不与从动轮的齿顶相碰,须将首齿齿顶高做适当的削减。同时,为了保证从动轮停歇在预定位置,主动轮的末齿齿顶高也需要做适当的修正(见图 8 - 19)。

8.5　螺旋机构

螺旋机构由螺杆、螺母和机架组成。一般情况下,它将旋转运动转换为直线运动。在图 8-25 中,将螺杆 1 的旋转运动转换为螺母 2 的轴向移动。螺旋机构的主要优点是能获得很大的减速比和力的增益,还可有自锁性。它的主要缺点是机械效率一般较低,特别是具有自锁性时的效率降低 50%。螺旋机构常用于起重机、压力机以及功率不大的进给系统和微调装置。

当螺旋机构导程角大于当量摩擦角时,它也可以将直线运动转换为旋转运动。在某些操纵机构、工具、玩具及武器等机构中,就利用了螺旋机构的这一特性。图 8-26 所示的简易手动钻就是一例,图中 2 为具有大导程角的螺旋,1 为螺母,用手上、下推动螺母就可使钻头 3 左、右旋转,从而在工件上钻出小孔。

图 8-27 所示为照相机中的卷片装置,其中螺杆 2 为用金属带扭成的双头螺纹,在螺母 3 上有与之配合的长方孔。当用手指压下套筒 1 时,螺母 3 向下运动,迫使螺杆 2 回转,通过齿轮 6 使卷片盒 4 卷片。弹簧 5 使机构复位。

关于螺旋的类型和设计计算将在机械设计课程中论述。

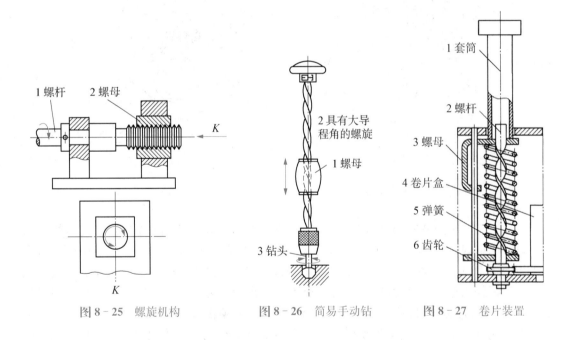

图 8-25　螺旋机构　　　　图 8-26　简易手动钻　　　　图 8-27　卷片装置

8.6　带有挠性元件的传动机构

工程实际中依靠中间挠性元件(带、链条、绳索等)来传递运动和动力的机构应用也非常普遍,它们分别称为带传动机构、链传动机构和绳索传动机构,下面分别予以简要介绍。

8.6.1　带传动机构

1. 带传动的组成及类型

带传动机构(见图8-28)由主动带轮1、从动带轮3、张紧在两轮上的传动带2和机架组成。当主动轮转动时,由于带和带轮间的摩擦(或啮合),拖动从动轮一起转动,并传递一定动力。带传动具有结构简单、传动平稳、造价低廉以及缓冲吸振等特点,在机械中被广泛应用。

带传动按工作原理不同分为摩擦型带传动(见图8-28)和啮合型带传动(见图8-29)。摩擦型带传动靠带与带轮之间的摩擦来传递运动和动力;啮合型带(称为同步带)传动靠带与带轮轮齿之间的啮合来传递运动和动力。

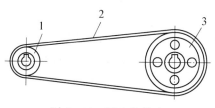

图8-28　同步带传动

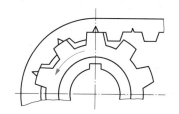

图8-29　同步带传动

摩擦型带传动常用的有平带传动、V带传动、多楔带传动等(见图8-30)。平带传动结构最简单,带轮也容易制造,在传动中心距较大的情况下应用得较多。V带的横截面呈等腰梯形,带轮上也做出相应的轮槽。传动时,V带只和轮槽的两侧面接触,即两侧面为工作面。根据槽面摩擦的原理,在同样的张紧力下,V带传动较平带传动能产生更大的摩擦力。这是V带传动性能上的最主要优点。再加上V带传动允许的传动比较大,结构较紧凑,以及V带多已标准化并大量生产等优点,因而V带传动的应用比平带传动广泛得多。多楔带兼有平带和V带的优点,柔性好,摩擦力大,能传递的功率大,并解决了多根V带同时传动长短不一而使各带受力不均的问题,主要用在传递功率较大而结构要求紧凑的场合。

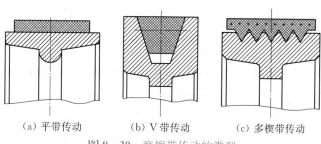

(a) 平带传动　　　(b) V带传动　　　(c) 多楔带传动

图8-30　摩擦带传动的类型

同步带传动靠齿啮合来传递运动和动力,所需张紧力小,轴和轴承上所受的载荷小,带和带轮间没有滑动,传动比准确且单级传动可获得较大传动比,带的厚度薄,质量轻,允许高

的线速度,传动效率也较高。

2. 带的传动特性

摩擦型带传动由于是靠摩擦来传递运动和动力的,因而带必须以一定的预紧力张紧在两个带轮上。由于带是一个弹性体,随所受拉力大小的不同而有不同的弹性伸长变形,这就使得带在绕过带轮时出现弹性滑动,即带和带轮之间的运动不是完全同步的,而是有速度差。尽管此弹性滑动不是很大,一般小于1%,但它的值是随受力大小而变化的,且有误差累积作用,故在要求有准确传动比的场合或各部分之间有严格协调关系的地方都不宜用摩擦型带传动,因而使其应用受到很大限制。

对于摩擦型带传动,当其所传递的圆周力大于带的极限摩擦力时,带就会在带轮上滑动,称为打滑。而打滑导致正常传动终止,虽是一种使传动失效的现象,对机器却起着保护作用,可以避免机器受到更大的损伤。加上摩擦型带传动对安装精度要求不高,故在许多机器中,由电动机驱动的第一级传动常选用此类带传动。

同步带传动因系齿和齿的啮合传动无弹性滑动与打滑,传动比准确,故可用在要求有准确传动比或有严格运动协调关系的地方。同步带传动对安装精度有较高要求,没有过载保护作用,过载时带齿可能被剪断。

3. 带传动的应用

下面举一些在工程实践中应用得较巧妙的带传动。

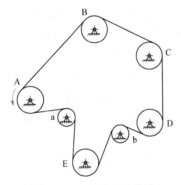

图 8-31 多从动轮传动

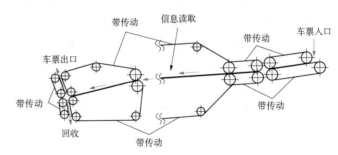

图 8-32 用于自动检票的带传动

(1) 一条带同时传动多个从动轮,如图8-31所示,用一条带同时传动了B、C、D、E四个从动轮。图中a、b为张紧轮,用于保证各带轮有足够大的包角并使带能适当张紧。

(2) 图8-32所示为用于自动检票的带传动。

(3) 图8-33所示为室内滑雪场的高速缆车,用于将滑雪运动员送到坡顶。滑雪运动员坐在缆车支承部件的下端,缆车支承部件由各缆车驱动轮驱动沿着缆车导轨前行,缆车驱动轮由一系列V带传动:为了保障舒适性,刚开始时缆车的速度应较低,然后逐步加速。为此,前一段的各级带传动均为增速传动(主动轮直径 $\phi74$,从动轮直径 $\phi70$),中间一段为匀速运动(主、从动轮直径相同),快到坡顶时又变为减速运动(主动轮直径 $\phi170$,从动轮直径 $\phi74$)。

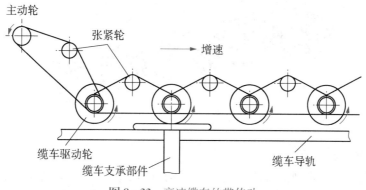

主动轮

张紧轮

增速

缆车驱动轮

缆车支承部件

缆车导轨

图 8 - 33 高速缆车的带传动

8.6.2 链传动机构

1. 链传动的组成及类型

链传动属于带有中间挠性件的啮合传动。它由中间挠性件(链条)和主、从动链轮及机架组成,依靠链轮轮齿与链节的啮合来传递运动和动力(见图 8 - 34)。

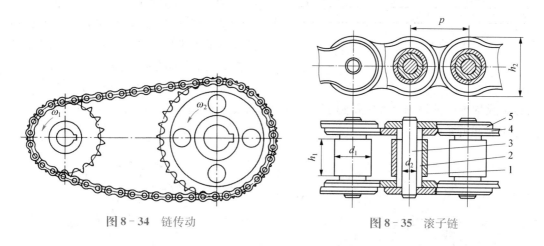

图 8 - 34 链传动   **图 8 - 35** 滚子链

按用途不同,链可分为传动链、输送链和起重链。输送链和起重链主要用在运输和起重机械中。链传动无弹性滑动和打滑现象,因而能保持准确的平均传动比,传动效率较高;又因链条不需要像带那样张得很紧,所以作用于轴上的径向压力较小;在相同使用条件下,链传动结构较为紧凑。同时链传动能在高温、速度较低、条件恶劣的环境下工作,与齿轮传动相比,链传动的制造与安装精度要求较低,成本低廉;在远距离传动时,其结构比齿轮传动轻便得多。

链传动的主要缺点是:只能用于平行轴间同向回转的传动;运转时不能保持恒定的瞬时传动比;磨损后易发生跳齿;工作时有噪声;不宜在载荷变化很大和急速反向的传动中应用。传动链又有滚子链(见图 8 - 35)和齿形链(见图 8 - 36)两种,其中滚子链应用最广。

图 8 - 36　齿形链

2. 链传动的应用举例

（1）链传动可以按常规的方法用于一般传动，如自行车、摩托车等的链传动，也可以将其变异后再加以利用。图 8 - 37 所示就将链传动变成了齿轮齿条传动。

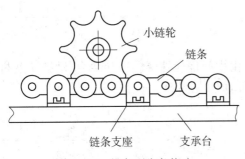

图 8 - 37　链条型齿条传动

（2）由于很大的齿轮（如直径数米到数十米）加工困难，而链条节数的增多几乎不受限制，因而在一些传动精度要求不高的场合，如参观游览用的摩天轮的传动就常用链条围成的齿圈来代替齿轮，如图 8 - 38 所示。

（3）一般来说，链条只能承受拉力而不能承受推力，但将链条适当改造，并加上引导装置，那么链条也可承受推力。图 8 - 39 所示的推送链由于有链盒、挡板等的引导，即可承受推力。由于它的行程大，所需空间尺寸小，而且动作灵活，所以在火炮炮弹的推送过程中得到了广泛应用。推送链由链轮驱动，用头部推送炮弹，回程时链可收回链盒中。

图 8 - 38　链条齿圈传动

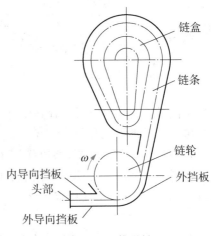

图 8 - 39　推送链

8.6.3　绳索传动机构

1. 绳索传动的组成及类型

绳索传动是依靠中间挠性元件绳索来进行运动和动力传输的传动机构。传动用的绳索常用涤纶绳索和钢丝绳索等。为了固定及导向绳索,轮上一般开有绳槽。

绳索传动常见的有两类:一类是只能在一定的范围内往复运动的绳索传动,如图 8-40(a)所示的带动电梯轿厢升降的绳索传动。轿厢的升降由驱动轮的正反转来实现,对重不仅提供了钢丝绳中的初张力,还使电梯在升降时省力。另一类是可连续单向传动的绳索传动机构,如图 8-40(b)所示的货运索道或缆车,为保持传动钢丝绳的张紧,其从动轮是可移动的,用重锤等使之张紧,当传动的距离较大时,应在驱动轮和从动轮之间设置多个钢丝绳支托滑轮。绳索传动还可利用引导滑轮使之改变传动方向。

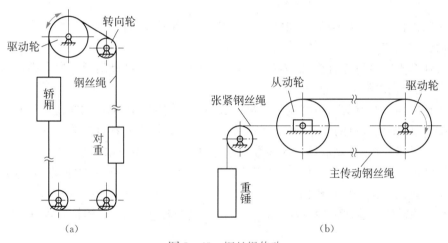

图 8-40　钢丝绳传动

2. 绳索传动的特点和应用

绳索传动类似于带传动,但又不同于带传动。其绳可以绕鼓轮很多圈,或者绳的端部固接在鼓轮上,从而避免打滑现象。绳索传动可以通过复杂路径,长距离传递运动和动力。绳索传动最突出的缺点是运动响应的滞后性,这是由于长的绳索拉伸刚度较小、易产生拉伸变形。同时绳与轮间也不可避免地存在弹性滑动,这都会影响它传递运动的灵敏性和准确性。

绳索传动在矿山机械、建筑机械、起重设备、索道、电梯等领域得到广泛应用。近年来,钢丝绳传动在一些精密传动系统中也有应用,例如某星载精密

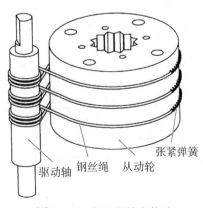

图 8-41　钢丝绳精密传动

定向机构中的绳索传动(见图 8-41)由驱动轴(主动轮)和从动轮以及连接两轮的钢丝绳组成,两轮上分别开有钢丝绳导向绳槽。为了提高钢丝绳的承载能力、避免打滑,钢丝绳先在主动轮上缠绕数周后再以"8"字形交叉缠绕在从动轮上。钢丝绳一端直接固连在从动轮上,另一端通过弹簧连接在从动轮上,弹簧的作用是使钢丝绳张紧。由于钢丝绳短,载荷小,又是几根钢丝绳平行传动,这就大大提高了运动传递的灵敏性和准确性。运动精度甚至优于精密的齿轮传动,而结构比齿轮系统简单,成本也低。

绳索牵引传动由于其结构简单、重量轻、惯性小、负载能力强、工作空间大、运动速度快等优点,在大型并联机构中的应用受到越来越多的重视,如我国拟建的大型射电望远镜。

习　题

8-1　棘轮机构与槽轮机构都是间歇运动机构,它们各有什么特点?

8-2　槽轮的槽数与拨盘的圆销数有何关系?

8-3　为什么不完全齿轮机构主动轮首、末两轮齿的齿高一般要削减?加上瞬心线附加杆后,是否仍须削减?为什么?

8-4　棘轮机构、槽轮机构、不完全齿轮机构及凸轮式间歇运动机构均能使执行构件获得间歇运动,试从各自的工作特点、运动及动力性能分析它们各自的适用场合。

8-5　设计一槽轮机构,要求运动时间等于停止时间,试选择槽轮的槽数和拨盘的圆销数。

8-6　某装配工作台有 6 个工位,每个工位在工作静止时间 $t_j = 10 s$ 内完成装配工序。转位机构采用单销外槽轮机构。求

(1)该槽轮的运动特性系数;(2)主动件拨盘的转速 ω_1;(3)槽轮的转位时间 t_d。

第 9 章

机 械 的 平 衡

9.1　平衡的分类和平衡方法

转子是指绕固定轴转动的构件。根据转子工作转速的不同,分为刚性转子和挠性转子。

(1) 刚性转子

工作转速低于一阶临界转速,其旋转轴线挠曲变形可以忽略不计的转子。

(2) 挠性转子

工作转速高于一阶临界转速,其旋转轴线挠曲变形不可忽略的转子。

静平衡是指转子系统惯性力的平衡。动平衡是指转子系统惯性力和惯性力矩的平衡。静不平衡是指轴向尺寸较小的转子,其不平衡现象在静态时即可表现出来。动不平衡是指轴向尺寸较大的转子,其惯性力偶的不平衡只有在转子运转时才能表现出来。

1. 机械平衡的分类

转子的平衡:刚性转子的平衡可以通过重新调整转子上质量的分布,使其质心位于旋转轴线的方法来实现;挠性转子在运转过程中会产生较大的弯曲变形,由此所产生的离心惯性力明显增大,所以难度较大。

机构的平衡:机构中做往复移动或平面复合运动的构件,其产生的惯性力必须就整个机构加以研究,以降低或消除传到基础或基座上的不平衡力。这类平衡问题应设法使其总惯性力和总惯性力矩在机架或机座上得到完全或部分平衡,以消除或减轻机构整体在机座上的振动。

2. 机械平衡的方法

(1) 平衡设计

在机械设计阶段,除了保证其满足工作要求及制造工艺要求外,还在结构上采取措施消除或减少产生有害振动的不平衡惯性力,称为平衡设计。

(2) 平衡试验

由于制造不精确、材料不均匀及安装不准确等非设计方面的原因,实际制造出来的零件

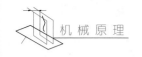

还会有不平衡现象。这种不平衡在设计阶段是无法确定和消除的,需要通过试验的方法加以平衡。

9.2 刚性转子的平衡设计

9.2.1 静平衡设计

对于径宽比 $D/b \geqslant 5$ 的转子,如砂轮、飞轮、齿轮等构件,可近似地认为其不平衡质量分布在同一回转平面内。若转子的质心不在回转轴线上,其偏心质量就会产生离心惯性力,从而在运动副中引起附加动压力。

1. 转子静平衡设计的步骤

(1) 根据转子结构定出偏心质量的大小和方位;

(2) 计算出为平衡偏心质量须添加的平衡质量的大小及方位;

(3) 在转子设计图上加上该平衡质量,以便使设计出来的转子在理论上达到静平衡。

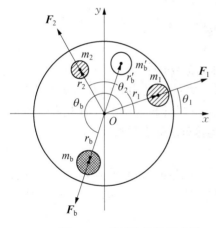

图 9 - 1 静平衡设计示意图

2. 转子静平衡设计的方法

图 9 - 1 所示为一盘形转子,已知分布于同一回转平面内的偏心质量为 m_1 和 m_2,从回转中心到各偏心质量中心的向径为 r_1 和 r_2,当转子以等角速度 ω 转动时,各偏心质量所产生的离心惯性力分别为 F_1 和 F_2,为了平衡惯性力 F_1 和 F_2,可以在此平面内增加一个平衡质量 m_b,从回转中心到这一平衡质量的向径为 r_b,它所产生的离心惯性力为 F_b,要求平衡时 F_b、F_1 和 F_2 所形成的平面汇交力系的合力 F 应为 0。

$$F = F_1 + F_2 + F_b = 0 \qquad (9-1)$$

即

$$m\omega^2 e = m_1\omega^2 r_1 + m_2\omega^2 r_2 + m_b\omega^2 r_b = 0$$

消去角速度 ω^2 以后可得

$$me = m_1 r_1 + m_2 r_2 + m_b r_b = 0 \qquad (9-2)$$

式中,m 和 e 分别为转子的总质量和总质心的向径;m_i、r_i 为转子各个偏心质量及其质心的向径;m_b、r_b 为所增加的平衡质量及其质心的向径。

上式中,质量与向径的乘积称为质径积。它表示在同一转速下转子上各离心惯性力的相对大小和方位。式(9-2)表明转子平衡后,其总质心将与回转轴线重合,即 $e = 0$。

在转子的设计阶段,由于式(9-2)中的 m_i、r_i 均为已知,因此由式(9-2)即可求出为了使转子静平衡所须增加的平衡质量的质径积 $m_b r_b$ 的大小及方位。具体方法如下。

由式（9-2）可得

$$m_b r_b = -m_1 r_1 - m_2 r_2 \tag{9-3}$$

将上式向轴投影，可得

$$\left.\begin{array}{l} (m_b r_b)_x = -\sum m_i r_i \cos\theta_i \\ (m_b r_b)_y = -\sum m_i r_i \sin\theta_i \end{array}\right\}$$

则所加平衡质量的质径积大小为

$$m_b r_b = \left[(m_b r_b)_x^2 + (m_b r_b)_y^2\right]$$

而其相位角为

$$\theta_b = \arctan\left[(m_b r_b)_x / (m_b r_b)_x\right]$$

需要说明的是，θ_b 所在象限要根据式中分子、分母的正负号来确定。

当求出平衡质量的质径积 $m_b r_b$ 后，就可以得到平衡质量 m_b 及其质心向径 r_b 的无穷多组解，即得到平衡质量配置的无穷多个方案：可以任选一个 m_b 的值，然后求出其所在的向径 r_b；也可以任选一个向径 r_b，然后求出在该位置应加的平衡质量 m_b 的大小。工程实际中通常的做法是：根据转子结构的特点来选定 r_b，所需的平衡质量大小也就随之确定了，安装方向即图中 θ_b 所指的方向。为了使设计出来的转子质量不致过大，一般应尽可能将 r_b 选大些，这样可使 m_b 小些。

若转子的实际结构不允许在向径 r_b 的方向上安装平衡质量，那么也可以在向径 r_b 的相反方向上去掉一部分质量来使转子得到平衡。

3. 总结

（1）静平衡的条件为：分布于转子上的各个偏心质量的离心惯性力的合力为零或质径积的向量和为零。

（2）对于静不平衡的转子，无论它有多少个偏心质量，都只需要适当地增加一个平衡质量即可获得平衡，即对于静不平衡的转子，须加平衡质量的最少数目为1。

（3）工程实际中常见的需要进行静平衡的实例有：轴上的单个齿轮或带轮、自行车或摩托车的轮胎和车轮、薄的飞轮、飞机上的螺旋推进器、单个汽轮机叶轮等。

（4）为了校正静不平衡，平衡工作只需要在一个平面内进行即可，故静平衡又称为单平面平衡，简称单面平衡。

9.2.2　动平衡设计

对于径宽比 $D/b < 5$ 的转子，如多缸发动机的曲柄、汽轮机转子等，由于其轴向宽度较大，其质量分布在几个不同的回转平面内。这时，即使转子的质心在回转轴线上，但由于各偏心质量所产生的离心惯性力不在同一回转平面内，所形成的惯性力偶仍使转子处于不平

衡状态。由于这种不平衡只有在转子运动的情况下才能显示出来,故称其为动不平衡。

1. 转子动平衡的设计步骤

为了消除动不平衡现象,在设计时需要首先根据转子结构确定出各个不同回转平面内偏心质量的大小和位置,然后计算出为使转子得到动平衡所须增加的平衡质量的数目、大小及方位,并在转子设计图上加上这些平衡质量,以便使设计出来的转子在理论上达到动平衡。这一过程称为转子的动平衡设计。

由以上分析可知,在进行动平衡设计时:

(1) 根据转子的结构特点,在转子上选定两个适于安装平衡质量的平面作为平衡平面或校正平面;

(2) 进行动平衡计算,以确定为平衡各偏心质量所产生的惯性力和惯性力矩在两个平衡平面内增加的平衡质量的质径积大小和方向;

(3) 选定向径,并将平衡质量加到转子相应的方位上,这样设计出来的转子在理论上就完全平衡了。

2. 转子动平衡的设计方法

在图 9-2 中,设转子上的偏心质量 m_1、m_2 和 m_3 分别分布在 3 个不同的回转平面 1、2、3 内,其质心的向径分别为 r_1、r_2、r_3。当转子以等角速度 ω 转动时,平面 1 内的偏心质量 m_1 所产生的离心惯性力的大小为 $F_1 = m_1 \omega^2 r_1$。如果在转子的两端选定两个垂直于转子轴线的平面 T'、T'' 作为平衡平面(或校正平面),并设 T' 与 T'' 相距 l,平面 1 到平面 T'、T'' 的距离分别为 l'_1、l''_1,则 F 可用分解到平面 T' 与 T'' 中的力 F'、F'' 来代替。由理论力学的知识可知

$$F'_1 = \frac{l''_1}{l} F_1, \quad F''_1 = \frac{l'_1}{l} F_1$$

式中,F'、F'' 分别为平面 T'、T'' 中向径为 r_1 的偏心质量 m'、m'' 所产生的离心惯性力,由此可得

$$F'_1 = m'_1 r_1 \omega^2 = \frac{l''_1}{l} m_1 r_1 \omega^2$$

$$F''_1 = m''_1 r_1 \omega^2 = \frac{l'_1}{l} m_1 r_1 \omega^2$$

即

$$m'_1 = \frac{l''_1}{l} m_1, \quad m''_1 = \frac{l'_1}{l} m_1$$

$$m'_2 = \frac{l''_2}{l} m_2, \quad m''_2 = \frac{l'_2}{l} m_2$$

$$m'_3 = \frac{l''_3}{l} m_3, \quad m''_3 = \frac{l'_3}{l} m_3$$

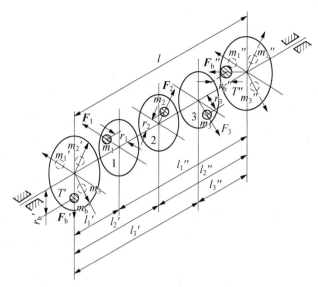

图 9 - 2 动平衡设计示

以上分析表明,原分布在平面 1、2、3 上的偏心质量 m_1、m_2、m_3 完全可以用平面 T'、T'' 上的 m_1' 和 m_1'',m_2' 和 m_2'',m_3' 和 m_3'' 所代替,它们的不平衡效果是一样的。经过这样的处理后,空间力系的平衡问题就转化为两个平面汇交力系的平衡问题,刚性转子的动平衡设计问题就可以用静平衡设计的方法来解决。

至于两个平衡平面 T'、T'' 内须加平衡质量的大小和方位的确定,则与前述静平衡设计的方法完全相同,此处不再赘述。

3. 结论

(1) 动平衡的条件为:当转子转动时,转子上分布在不同平面内的各个质量所产生的空间离心惯性力系的合力及合力矩均为零。

(2) 对于动不平衡的转子,无论它有多少个偏心质量,都只需要在任选的两个平衡平面 T' 和 T'' 内各增加或减少一个合适的平衡质量即可使转子获得动平衡,即对于动不平衡的转子,须加平衡质量的最少数目为 2。

(3) 在工程实际中,常见的需要进行动平衡的实例有:轧辊、曲轴、车轴、凸轮轴、传动轴、电动机转子、蜗轮、多个齿轮组等。这些装置的共同特点是质量在其回转轴线的横向和纵向上的分布是不均匀的。

(4) 为了校正动不平衡,平衡工作需要分别在回转轴上有一定距离的两个平衡平面上进行,故动平衡又称为双平面平衡,简称双面平衡。

(5) 由于动平衡同时满足静平衡条件,所以经过动平衡的转子一定静平衡;反之,经过静平衡的转子则不一定是动平衡的。

综合本节所述静平衡和动平衡设计的方法,可以得出如下结论:在设计转动构件时,通常可以通过调整其本身的几何形状来改变其质量分布,从而使其达到平衡。

9.3 刚性转子的平衡试验

所谓转子的平衡试验就是指借助试验设备测量出转子上存在的不平衡量的大小及其位置，然后通过在转子的相应位置添加或除去适当质量使其平衡。

9.3.1 静平衡试验

当转子存在偏心质量时，会在支承面上转动直至质心处于最低位置，便可在质心相反方向上加校正平衡质量，使转子重新转动，反复增减，直至转子达到随遇平衡状态。

当刚性转子的径宽比 $D/b \geqslant 5$ 时，通常只须对转子进行静平衡试验。静平衡试验所用的设备称为静平衡架，如图 9-3 所示。图 9-3(a)为导轨式静平衡架，在用它平衡转子时，首先应将两导轨调整为水平且互相平行，然后将需要平衡的转子放在导轨上让其轻轻地自由滚动。如果转子上有偏心质量存在，其质心必偏离转子的旋转轴线，在重力的作用下，待转子停止滚动时，其质心 S 必在轴心的正下方，这时在轴心的正上方任意向径处加一平衡质量（一般用橡皮泥）。反复试验，加减平衡质量，直至转子能在任何位置保持静止为止。最后根据所加橡皮泥的质量和位置，得到其质径积。再根据转子的结构，在合适的位置上增加或减少相应的平衡质量，使转子最终达到平衡。

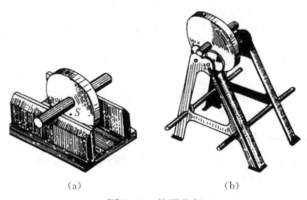

(a)   (b)

图 9-3 静平衡架

导轨式静平衡架虽然结构简单，平衡精度较高，但是当转子两端支承轴的尺寸不同时，便不能用其进行平衡。这时就需要使用图 9-3(b)所示的圆盘式静平衡架。将转子的轴颈支承在两对圆盘上，每个圆盘均可绕自身轴线转动，而且一端的支承高度还可以调整，以适应两端轴颈的直径不相等的转子。其平衡方法与上述相同。它的主要优点是使用方便，可以平衡两端尺寸不同的转子，但由于其摩擦阻力较大。所以其平衡精度不如前者高。

9.3.2 动平衡试验

理论上已平衡的径宽比 $D/b < 5$ 的刚性转子,必要时在制成后还需要进行动平衡试验。

动平衡试验一般需要在专用的动平衡机上进行,生产中使用的动平衡机种类很多,虽然其构造及工作原理不尽相同,但其作用都是用来确定须加于两个平衡平面中的平衡质量的大小及方位的。

目前使用较多的动平衡机是根据振动原理设计的,它利用测振传感器将转子转动时产生的惯性力所引起的振动信号变为电信号,然后通过电子线路加以处理和放大,最后通过解算求出被测转子的不平衡质量的质径积的大小和方位。

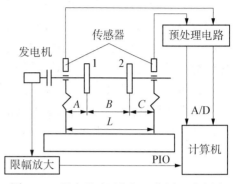

图 9 - 4 硬支承动平衡机工作原理示意图

图9-4所示为一种带微机系统的硬支承动平衡机的工作原理示意图。该动平衡机由机械部分、振动信号预处理电路和微机3部分组成。它利用平衡机主轴箱端部的小发电机信号作为转速信号和相位基准信号,由发电机拾取的信号经处理后成为方波或脉冲信号。利用方波的上升沿或正脉冲通过计算机的PIO口触发中断,使计算机开始和终止计数,以此达到测量转子旋转周期的目的。由传感器拾取的振动信号,在输入A/D转换器之前需要进行一些预处理,这一工作是由信号预处理电路来完成的,其主要工作是滤波和放大,并把振动信号调整到A/D卡所要求的输入量的范围内;振动信号经过预处理电路处理后,即可输入计算机,进行数据采集和解算,最后由计算机给出两个平衡平面上须加平衡质量的大小和相位,而这些工作是由软件来完成的。

根据平衡对象的不同,工程实际中使用着各种专用的动平衡机。例如,为了保证汽车行驶安全和乘坐舒适,需要对汽车轮胎和车轮进行动平衡。这一工作通常是在车轮动平衡机上进行的。所选的两个平衡平面(校正平面)一般为轮缘的内、外缘。根据车轮动平衡试验机测量所得结果,可在每个校正平面的适当位置加上适当的平衡质量,使其达到动平衡。

在生产实际中,有些转子是由多个零件装配而成的。在这种情况下,如果可能的话,建议最好在转子装配之前,先对组成它的各个零件单独进行静平衡,这样做不仅可以减小装配以后所必须校正的动不平衡量,而且可以减小轴上的弯曲力矩。一个典型的实例是飞机上的涡轮机,它是由多个圆形叶轮排列装配在涡轮机轴上而组成的。因为涡轮机工作时转速很高,所以不平衡量引起的惯性力非常大。如果在把各个叶轮装配到轴上之前,先对每个单一的叶轮进行静平衡,则装配以后即可基本上达到动平衡。这不失为一种好方法。

但遗憾的是,并不是所有的装置都可以采用这种方法,例如电动机转子。电动机转子实际上就是铜线以复式缠绕在轴上的线圈,而铜线的质量在绕线方向(即转子的径向、横向)和走线方向(即转子的轴向、纵向)上不可能是完全均匀分布的,故转子是不平衡的。人们不可能通过改进线圈的局部结构使其质量均匀而又不危及电的安全性。在这种情况下,整个转

子的不平衡就只能在其装配完成之后在动平衡试验机上通过两个校正平面校正。

需要指出的是,上述转子平衡试验都是在专用的平衡机上进行的。而对于一些尺寸很大的转子,如大型汽轮发电机的转子,要在平衡机上进行平衡是很困难的;此外,有些高速转子,虽然在出厂前已经进行过平衡试验且达到了良好的平衡精度,但由于运输、安装以及在长期运行过程中平衡条件发生变化等原因,仍会造成不平衡。在这些情况下,通常可进行现场平衡。所谓现场平衡,是指对旋转机械或部件在其运行状态或工作条件下的振动情况进行检测和分析,推断其在平衡平面上的等效不平衡量的大小和方位,以便采取措施减小由于不平衡所引起的振动。准确测定振动的幅值和相位是现场平衡的主要任务,有关这方面的内容可参阅有关资料,此处不再赘述。

9.4 平面机构的平衡设计

在一般的平面机构中,存在着做平面复合运动和往复移动的构件,这些构件所产生的惯性力和惯性力矩不能像绕定轴转动的构件那样通过构件自身加以平衡。

为了消除机构惯性力和惯性力矩所引起的机构在机座上的振动,必须将机构中各运动构件视为一个整体系统进行平衡,这一工作通常称为机构在机座上的平衡。

当机构运动时,其各运动构件所产生的惯性力和惯性力矩可以合成为一个通过机构质心的总惯性力和一个总惯性力矩,该总惯性力和总惯性力矩就是机构由于惯性作用通过构件和运动副传给机座的合力和合力矩。由于该合力和合力矩的大小和方向均是随机构的运动而周期性变化的,故会引起机构整体在机座上的振动,通常称该合力为摆动力(shaking force,振动力),该合力矩为摆动力矩(shaking moment,振动力矩)。

机构在机座上的平衡的目标就是设法使上述摆动力和摆动力矩得以平衡,从而消除由于惯性引起的机构整体在机座上的振动。

9.4.1 平面机构摆动力的平衡条件

机构摆动力是反映和度量一个机构在运动过程中各构件产生的惯性力作用的重要指标,其大小等于机构中各运动构件惯性力的合力 F。

设机构中活动构件的总质量为 m,机构总质心 S 的加速度为 a_s,则要使机构摆动力 F_s 得以平衡,就必须满足 $F_s = F = -ma_s = 0$。由于式中 m 不可能为零,故必须使 a_s 为零,即机构总质心 S 应做匀速直线运动或静止不动。又由于机构中各构件的运动是周期性变化的,故总质心 S 不可能永远做匀速直线运动。因此,欲使机构摆动力 $F_s = 0$,只有设法使总质心 S 静止不动,即机构摆动力平衡的条件是整个机构的总质心静止不动。

由机构摆动力的平衡条件可知,如果能够通过某种方法,适当调整机构中各构件质心的位置,最终达到使机构的总质心不动,则机构摆动力可达到完全平衡。

附加平衡质量法或质量重新分布法正是根据这一思想而产生的简单而有效的平衡方法。

在设计机构时,可以通过构件的合理布置、加平衡质量等方法来使机构摆动力得到完全或部分的平衡。

9.4.2 机构摆动力的部分平衡

1. 用附加平衡质量法实现摆动力的部分平衡

对于图9-5所示的曲柄滑块机构,用质量静替代可得到两个可动的替代质量 m_B 和 m_C,质量 m_B 所产生的惯性力只须在曲柄1的延长线上 E 点处加一平衡质量 $mE_1=\dfrac{l_{AB}}{r_{E1}}m_B$ 即可完全被平衡。质量 m_C 做往复移动,由机构的运动分析可得到 C 点的加速度 a_C 的方程式,用级数法展开,并取前两项得

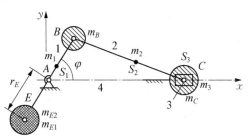

图9-5 曲柄滑块机构摆动力的部分平衡

$$a_C \approx -\omega^2 l_{AB}\cos\varphi - \omega^2 \frac{l_{AB}^2}{l_{BC}}\cos 2\varphi$$

故加 m_C 所产生的往复惯性力为

$$F_C = -m_C a_C \approx m_C\omega^2 l_{AB}\cos\varphi + m_C\omega^2 \frac{l_{AB}^2}{l_{BC}}\cos 2\varphi \qquad (9-4)$$

式(9-4)右边第一项称为一阶惯性力,第二项称为二阶惯性力。舍去较小的二阶惯性力,只考虑一阶惯性力,即取

$$F_C = m_C\omega^2 l_{AB}\cos\varphi \qquad (9-5)$$

为平衡 F_C,可在曲柄延长线上 E 处再加一平衡质量 m_{E2}。m_{E2} 所产生的惯性力在 x,y 方向的分力分别为

$$\left.\begin{array}{l} F_x = -m_{E2}\omega^2 r_E\cos\varphi \\ F_y = -m_{E2}\omega^2 r_E\sin\varphi \end{array}\right\} \qquad (9-6)$$

比较式(9-5)及式(9-6)可知,通过适当地选择 m_{E2} 和 r_E,即可用 F_x 将 m_C 所产生的一阶惯性力平衡掉,但与此同时,又在 y 方向上产生了一个新的不平衡惯性力 F_y,它对机构也会产生不利影响。为减少此不利影响,可考虑将平衡质量 m_{E2} 减小一些,使一阶惯性力 F_C 部分地被平衡,而在 y 方向产生的新惯性力也不致过大。通常,加在 E 点的平衡质量可按下式计算

$$m_E = m_{E1} + m_{E2} = \frac{l_{AB}}{r_E}(m_B + km_C) \qquad (9-7)$$

式中 k 的取值一般为 $1/3\sim2/3$。设计者在选取 k 值时,根据具体情况可有不同的出发点,

如使残余的惯性力的最大值尽可能地小,或在平衡摆动力的同时使运动副中的反力不超过许用值等。

很显然,这只是一种近似平衡法,这对机械的工作较为有利,且在结构设计上也较为简便。在一些农业机械的设计中,就常采用这种平衡方法。

2. 用加平衡机构法实现摆动力的部分平衡

图 9-6(a)所示为用齿轮机构作为平衡机构来平衡曲柄滑块机构中一阶惯性力的情形。只要设计时保证 $m_{E1}r_{E1}=m_{E2}r_{E2}=\dfrac{m_C l_{AB}}{2}$,就可使曲柄滑块机构中的一阶惯性力得到平衡。

当需要平衡二阶惯性力时,可采用一对转向相反而角速度大小为 2ω 的齿轮机构,如图 9-6(b)所示。齿轮 1、2 上的平衡质量用来平衡一阶惯性力,齿轮 3、4 上的平衡质量用来平衡二阶惯性力。

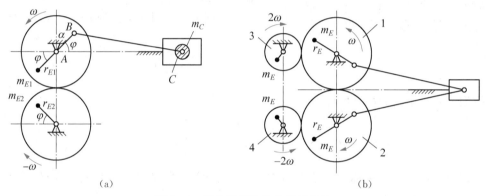

(a)   (b)

图 9-6 用齿轮机构作为平衡机构

与前面所讲的用附加平衡质量法来部分平衡曲柄滑块机构摆动力相比,用加齿轮机构的方法平衡水平方向惯性力时,将不会产生垂直方向的惯性力。因为垂直方向的力在平衡机构内互相抵消了,故平衡效果较好。但采用平衡机构将使结构复杂、机构尺寸加大,这是此方法的缺点。

9.4.3 关于摆动力和摆动力矩完全平衡的研究

除了摆动力之外,摆动力矩的周期性变化同样会引起机构在机架上的振动。由于在摆动力的平衡中没有考虑摆动力矩的问题,因此可能会出现这样的情况,即经过摆动力平衡后,由于附加了平衡质量,摆动力矩的情况可能会变得更糟。

只有使摆动力和摆动力矩都得到完全平衡的机构,才能在理论上实现机构在机座上无振动。因此,摆动力和摆动力矩完全平衡的研究,成为机械动力学中的一个重要的理论研究领域。这一问题远比单纯的摆动力平衡具有更大的难度。限于篇幅,本节不做论述,感兴趣的读者可参阅本章后的文献阅读指南。

在进行机构型式设计时,一定要分析机构的受力状况。根据不同的机构类型选取适当的平衡方式。在尽可能消除或减少机构的摆动力和摆动力矩的同时,还应使机构结构简单、尺寸较小,从而使整个机械具有良好的动力学特性。

本章讨论了机械的动力平衡问题。需要指出的是,在工程实际的某些领域,有些机械却是利用构件产生的不平衡惯性力所引起的振动来工作的,例如,振动打桩机、振动运输机、蛙式打夯机、振实机、摆动筛等。对于这类机械,如何合理利用不平衡惯性力是其设计时应考虑的重要问题之一。

9-1 如题图 9-1 所示的转子平面上分布着质量 m_1、m_2、m_3,其值分别为 $0.907\,\text{kg}$、$2.27\,\text{kg}$、$1.36\,\text{kg}$,相应的半径为 $r_1=0.102\,\text{m}$,$r_2=0.127\,\text{m}$,$r_3=0.0762\,\text{m}$,而它们的角位置分别为 $\theta_1=30°$,$\theta_2=80°$,$\theta_3=160°$。欲使转子达到静平衡,试求出位于半径 0.0889 处的附加质量及其角位置。

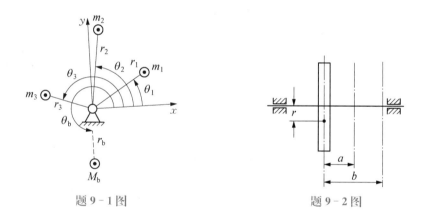

题 9-1 图　　　　　　　　　　　　　　题 9-2 图

9-2 如图 9-2 题所示,有一薄壁转盘质量 m,经平衡实验知其质心偏心为 r,方向向下。由于该回转面不能安装平衡质量,只能在 Ⅰ、Ⅱ 面上调整,求应加的平衡质径积和方向。

9-3 题 9-3 图是高速水泵凸轮轴,由 3 个互相错开 $120°$ 的偏心轮组成,每个偏心轮的质量为 $4\,\text{N}$,偏心距为 $12.7\,\text{mm}$,设在面 A,B 上各安装一个平衡质量 m_A、m_B 使之平衡,其回转半径为 $10\,\text{mm}$,其他尺寸如图所示,求 m_A、m_B 的大小和位置角。

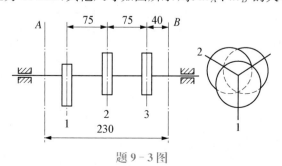

题 9-3 图

9 - 4 如题 9-4 图所示一转子上有两个不平衡质量 $m_1 = 200\,\text{kg}$，$m_2 = 100\,\text{kg}$，$r_1 = 50\,\text{mm}$，$r_2 = 40\,\text{mm}$，选定平面 A、B 为平衡校正面，若两个平面内平衡质量的回转半径为 $r_A = r_B = 60\,\text{mm}$，求平衡质量 $m_A r_A$、$m_B r_B$ 的大小及方位。

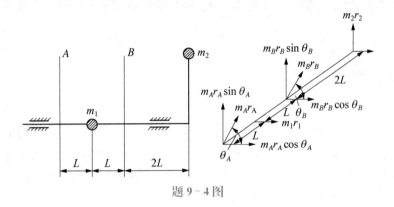

题 9 - 4 图

第 10 章

机械的运转及其速度波动的调节

10.1 概　述

在研究机构的运动分析及受力分析时,通常假设原动件做等速运动。而实际上机构原动件的运动规律是由其各构件的质量、转动惯量和作用于其上的驱动力与阻抗力等因素而决定的。在一般情况下,原动件的速度和加速度是随时间变化的,因此为了对机构进行精确的运动分析和受力分析,需要确定机构原动件的真实运动规律,这一点对高速、高精度和高自动化程度的机械设计非常重要。

由于在一般情况下,机械原动件并非做等速运动,即机械运动有速度波动,这将导致运动副中动压力增加,引起机械振动,降低机械的寿命、效率和工作质量,因此需要将机械运转速度波动限制在许可的范围之内。这一过程称为机械的速度波动调节。

1. 机械运转的三个阶段

(1) 起动阶段

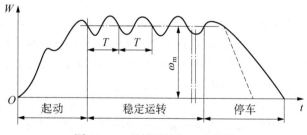

图 10 - 1 机械运转的 3 个阶段

图 10 - 1 所示为机械原动件的角速度随时间 t 变化的曲线。在起动阶段(starting period of machinery),机械原动件的角速度由零逐渐上升,直至达到正常运转速度为止。在此阶段,由于驱动功 W_d 大于阻抗功 $W'_r = W_r + W_f$,所以机械积蓄了动能 E。其功能关系可以表示为

$$W_{\mathrm{d}} = W'_{\mathrm{r}} + E \tag{10-1}$$

(2) 稳定运转阶段

继起动阶段之后,机械进入稳定运转阶段(steady motion period of machinery)。原动件的平均角速度 W_{m} 保持为常数,而原动件的角速度 ω 通常还会出现周期性波动。就一个周期(机械原动件角速度变化的一个周期又称为机械的一个运动循环(period of cycle of steady motion))而言,机械的总驱动功与总阻抗功是相等的,即

$$W_{\mathrm{d}} = W'_{\mathrm{r}} \tag{10-2}$$

上述这种稳定运转称为周期变速稳定运转(如活塞式压缩机等机械的运转情况即属此类)。而另外一些机械(如鼓风机、风扇等),其原动件的角速度 ω 在稳定运转过程中恒定,即 $\omega =$ 常数,则称为等速稳定运转。

(3) 停车阶段

在机械的停车阶段(stopping period of machinery)驱动功 $W_{\mathrm{d}} = 0$,当阻抗功将机械具有的动能消耗完时,机械便停止运转。其功能关系为

$$E = -W'_{\mathrm{r}} \tag{10-3}$$

一般在停车阶段,机械上的工作阻力不再作用,为了缩短停车所需的时间,在许多机械上都安装了制动装置。安装制动器后的停车阶段如图 10-1 中的虚线所示。

起动阶段与停车阶段统称为机械运转的过渡阶段。一些机器对其过渡阶段的工作有特殊要求,如空间飞行器姿态调整要求小推力推进系统响应迅速,发动机的起动、关机等过程要在几十毫秒内完成,这主要取决于控制系统反应的快慢程度(一般在几毫秒内完成)。另外,一些机器在起动和停车时为避免产生过大的动应力和振动而影响工作质量或寿命,在控制上采用软起动方式和自然/紧急等多种停车方式。多数机械是在稳定运转阶段工作的,但也有一些机械(如起重机等),其工作过程有相当一部分是在过渡阶段进行的。

2. 作用在机械上的驱动力和生产阻力

在研究上述问题时,必须知道作用在机械上的力及其变化规律。当构件的重力以及运动副中的摩擦力等可以忽略不计时,则作用在机械上的力将只有原动机发出的驱动力和执行构件上所承受的生产阻力。它们随机械工况的不同及所使用的原动机的不同而不同。

各种原动机的作用力(或力矩)与其运动参数(位移、速度)之间的关系称为原动机的机械特性(mechanical behavior)。如用重锤作为驱动件时其机械特性为常数(见图 10-2(a)),用弹簧作为驱动件时其机械特性是位移的线性函数(见图 10-2(b)),而内燃机的机械特性是位置的函数(见图 10-2(c)),三相交流异步电动机(见图 10-2(d))、直流串激电动机(见图 10-2(e))的机械特性则是速度的函数。

当用解析法研究机械的运动时,原动机的驱动力必须以解析式表达。为了简化计算,常将原动机的机械特性曲线用简单的代数式来近似地表示。如交流异步电动机的机械特性曲线的 BC 部分是工作段,常近似地以通过 N 点和 C 点的直线代替。N 点的转矩 M_N 为电动机的额定转矩,角速度 ω 为电动机的额定角速度。C 点的角速度 ω_0,为同步角速度,转矩为

零。该直线上任意一点的驱动力矩为

$$M_d = M_n(\omega_0 - \omega)/(\omega_0 - \omega_n) \qquad (10-4)$$

式中，M_n、ω_0、ω_n 可从电动机产品目录中查出。

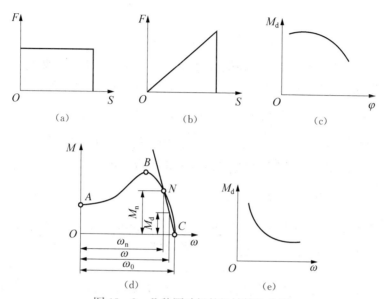

图 10 - 2 几种原动机的机械特性曲线

10.2 机械的运动方程式

1. 机械运动方程的一般表达式

研究机械的运转问题时，需要建立作用在机械上的力、构件的质量、转动惯量和其运动参数之间的函数关系，即建立机械的运动方程。

若机械系统用某一组独立的坐标（参数）就能完全确定系统的运动，则这组坐标称为广义坐标。完全确定系统运动所需的独立坐标的数目称为系统的自由度数目。

对于只有一个自由度的机械，描述它的运动规律只需要一个广义坐标。因此，只需要确定出该坐标随时间变化的规律即可。

下面以图 10-3 所示曲柄滑块机构为例，说明单自由度机械系统的运动方程的建立方法。

该机构由 3 个活动构件组成。设已知曲柄 1 为原动件，其角速度为 ω_1。曲柄 1 的质心 S_1 在 O 点，其转动惯量为 J_1；连杆 2 的角速度为 ω_2，质量为 m_2，其对质心 S_2 的转动惯量为 J_{s2}，质心 S_2 的速度为 v_{s2}；滑块 3 的质量为 m_3，其质心 S_3 在 B

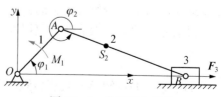

图 10 - 3 曲柄滑块机构

点,速度为 v_3。则该机构在 $\mathrm{d}t$ 瞬间的动能增量为

$$\mathrm{d}E = \mathrm{d}(J_1\omega_1^2/2 + m_2v_{s2}^2/2 + J_{s2}\omega_2^2/2 + m_3v_3^2/2)$$

又如图 10 − 3 所示,设在此机构上作用有驱动力矩 M_1 与工作阻力 F_3 在瞬间 $\mathrm{d}t$ 所做的功为

$$\mathrm{d}W = (M_1\omega_1 - F_3v_3)\mathrm{d}t = P\mathrm{d}t$$

根据动能定理,机械系统在某一瞬间其总动能的增量应等于在该瞬间内作用于该机械系统的各外力所做的元功之和,于是可得出此曲柄滑块机构的运动方程式为

$$\mathrm{d}(J_1\omega_1^2/2 + m_2v_{s2}^2/2 + J_{s2}\omega_2^2/2 + m_3v_3^2/2) = (M_1\omega_1 - F_3v_3)\mathrm{d}t \qquad (10-5)$$

同理,如果机械系统由 n 个活动构件组成,作用在构件 i 上的作用力为 F_i,力矩为 M_i,力 F 的作用点的速度为 v_i,构件的角速度为 ω_i,则可得出机械运动方程式的一般表达式为

$$\mathrm{d}\left[\sum_{i=1}^{n}(m_iv_{si}^2)/2 + J_{si}\omega_i^2/2\right] = \left(\sum_{i=1}^{n}(F_iv_i\cos\alpha_i \pm M_i)\right)\mathrm{d}t \qquad (10-6)$$

式中,α_i 为作用在构件 i 上的外力 $\boldsymbol{F}_i$,与该作用点的速度 $\boldsymbol{v}_i$ 间的夹角;而"±"号的选取决定于作用在构件 i 上的力偶矩 M_i 与该构件的角速度 ω_i 的方向是否相同,相同时取"+"号,反之取"−"号。

在应用式(10 − 6)时,由于各构件的运动参量均为未知量,不便求解。为了求得简单易解的机械运动方程式,对于单自由度机械系统,可以先将其简化为一等效动力学模型,然后再据列出其运动方程式。现将这种方法介绍如下。

2. 机械系统的等效动力学模型

现仍以图 10 − 3 所示的曲柄滑块机构为例来进行说明。该机构为一单自由度机械系统,现选曲柄 1 的转角 φ_1 为独立的广义坐标,并将式(10 − 5)改写为

$$\mathrm{d}\left\{\frac{\omega_1^2}{2}\left[J_1 + J_{s2}\left(\frac{\omega_2}{\omega_1}\right)^2 + m_2\left(\frac{v_{s2}}{\omega_1}\right)^2 + m_3\left(\frac{v_3}{\omega_1}\right)^2\right]\right\} = \omega_1\left(M_1 - F_3\frac{v_3}{\omega_1}\right)\mathrm{d}t \qquad (10-7)$$

又令

$$J_e = J_1 + J_{s2}(\omega_2/\omega_1)^2 + m_2(v_{s2}/\omega_1)^2 + m_3(v_3/\omega_1)^2 \qquad (10-8)$$

$$M_e = M_1 - F_3(v_3/\omega_1) \qquad (10-9)$$

由式(10 − 8)可以看出,J_e 具有转动惯量的量纲,故称为等效转动惯量(equivalent moment ofinertia)。式中,各速比 ω_2/ω_1,v_{s2}/ω_1 以及 v_3/ω_1 都是广义坐标 φ_1 的函数。因此,等效转动惯量的一般表达式可以写成函数式

$$J_e = J_e(\varphi_1) \qquad (10-10)$$

由式(10 − 9)可知,M_e 具有力矩的量纲,故称为等效力矩(equivalent moment)。

同理,式中 v_3/ω_1 的传 $\mathrm{d}[J_e(\varphi_1)\omega_1^2/2] = M_e(\varphi_1, \omega_1 t)$ \qquad (10-11)

动比也是广义坐标 φ_1 的函数。又因为外力矩 M_1 与 F_3 在机械系统中可能是运动参数 φ_1、ω_1 及 t 的函数,所以等效力矩的一般函数表达式为

$$M_e = M_e(\varphi_1, \omega_1 t) \tag{10-12}$$

由上述推导可知,对一个单自由度机械系统运动的研究可以简化为对该系统中某一个构件(见图 10-3)中的曲柄运动的研究。但该构件上的转动惯量应等于整个机械系统的等效转动惯量 $J_e(\varphi)$,作用于该构件上的力矩应等于整个机械系统的等效力矩 $M_e(\varphi, \omega, t)$,这样的假想构件称为等效构件(equivalent link),如图 10-4(a)所示。由之所建立的动力学模型称为原机械系统的等效动力学模型(equivalent dynamic models)。利用等效动力学模型建立的机械运动方程式不仅形式简单,而且其求解也将大为简化。

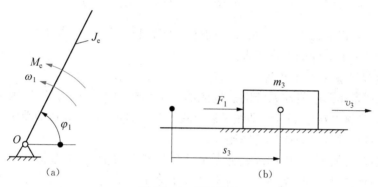

图 10-4 等效构件

等效构件也可选用移动构件,如在图 10-3 中,可选滑块 3 为等效构件(其广义坐标为滑块的位移图 10-4(b)),则式(10-5)可改写为

$$\mathrm{d}\left\{\frac{v_3^2}{2}\left[J_1\left(\frac{\omega_1}{v_3}\right)^2 + m_2\left(\frac{v_{s2}}{v_3}\right)^2 + J_{S2}\left(\frac{\omega_2}{v_3}\right)^2 + m_3\right]\right\} = v_3\left(M_1\frac{\omega_1}{v_3} - F_3\right)\mathrm{d}t \tag{10-13}$$

式(10-13)左端方括号内的量具有质量的量纲,即令

$$m_e = J_1(\omega_1/v_3)^2 + m_2(v_{s2}/v_3)^2 + J_{S2}(\omega_2/v_3)^2 + m_3 \tag{10-14}$$

而式(10-13)右端括号内的量,具有力的量纲,设以 F_e 表示,即令

$$F_e = M(\omega_1/v_3) - F_3 \tag{10-15}$$

于是,可得以滑块 3 为等效构件时所建立的运动方程式为

$$\mathrm{d}[m_e(s_3)v_3^2/2] = F_e(s_3, v_3, t)v_3\mathrm{d}t \tag{10-16}$$

式中,m_e 称为等效质量(equivalent mass);F_e 称为等效力(equivalent force)。
综上所述,如果取转动构件为等效构件,则其等效转动惯量的一般计算公式为

$$J_e = \sum_{i=1}^{n} \left[m_i \left(\frac{v_{si}}{\omega} \right)^2 + J_{si} \left(\frac{\omega_i}{\omega} \right)^2 \right]$$

$$M_e = \sum_{i=1}^{n} \left[F_i \cos \alpha_i \left(\frac{v_i}{\omega} \right) \pm M_i \left(\frac{\omega_i}{\omega} \right) \right] \tag{10-17}$$

等效力矩的一般计算公式为

$$d[m_3(s_3)v_3^2/2] = F_e(s_3, v_3, t)v_3 dt \tag{10-18}$$

同理,当取移动构件为等效构件时,其等效质量和等效力的一般计算公式可分别表示

$$m_e = \sum_{i=1}^{n} \left[m_i (v_{si}/v)^2 + J_{si} (\omega_i/v)^2 \right] \tag{10-19}$$

$$F_e = \sum_{i=1}^{n} \left[F_i \cos \alpha_i (v_i/v) \pm M_i (\omega_i/v) \right] \tag{10-20}$$

从以上公式可以看出,各等效量仅与构件间的速比有关,而与构件的真实速度无关,故可在不知道构件真实运动的情况下求出。

3. 等效转动惯量及其导数的计算方法

等效转动惯量是影响机械系统动态性能的一个重要因素,为了获得机械真实的运动规律,就需要准确计算系统的等效转动惯量。由式(10-17)可知,等效转动惯量与构件自身的转动惯量以及各构件与等效构件的速比有关。

对于形状规则的构件可以用理论方法来计算其转动惯量;对于形状复杂或不规则的构件,其转动惯量可借助试验方法测定;对于具有变速比的机构,其速比往往是机构位置的函数,因此要写出等效转动惯量的表达式可能是极为烦琐的工作。若采用力矩形式的运动方程式,还须求出等效转动惯量的导数。

但在用数值法求解运动方程时,不一定需要知道等效转动惯量 J_e 和等效转动惯量的导数 $dJ_e/d\varphi$ 的表达式,而只须确定在一个循环内若干离散位置上的 J_e 和 $dJ_e/d\varphi$ 的数值即可。这对于运用计算机进行机构运动分析是容易实现的。在运动分析中,机构任意点的速度、加速度矢量常常是用其 x、y 方向上的 2 个分量来表示的。因此,等效转动惯量表达式可写为

$$J_e = \sum_{i=1}^{n} \left[m_i \left(\frac{v_{si}}{\omega} \right)^2 + J_{si} \left(\frac{\omega_i}{\omega} \right)^2 \right] \tag{10-21}$$

将式(10-21)对 φ 求导可得

$$\frac{dJ_e}{d\varphi} = \frac{2}{\omega^3} \sum_{i=1}^{n} j = 1 [m_j (v_{sjx} a_{sjx} + v_{sjy} a_{sjy})] \tag{10-22}$$

式中,m_j、ω_j 和 α_j 分别为构件 j 的质量、角速度和角加速度,v_{sjx}、v_{sjy} 分别为构件 j 的质心在 x、y 方向上的速度分量,a_{sjx}、a_{sjy} 分别为构件 j 质心在 x、y 方向上的加速度分量。对机构各位置进行运动分析,可求得各位置的等效转动惯量及其导数。

10.3　机械运动方程式的求解

由于等效力矩(或等效力)可能是位置、速度或时间的函数,而且它可以用函数、数值表格或曲线等形式给出,因此求解运动方程式的方法也不尽相同。下面就几种常见的情况,对解析法和数值计算法加以简要地介绍。

1. 等效转动惯量和等效力矩均为位置的函数

用内燃机驱动活塞式压缩机的机械系统即属于这种情况。此时,内燃机给出的驱动力矩 M_d 和压缩机受到的阻抗力矩 M_r 都可视作位置的函数,故等效力矩 M_e 也是位置的函数,即 $M_e = M_e(\varphi)$。在此情况下,如果等效力矩的函数形式 $M_e = M_e(\varphi)$ 可以积分,且其边界条件已知,即当 $t = t_0$ 时,$\varphi = \varphi_0$、$\omega = \omega_0$、$J_e = J_{e0}$,于是由式(10 - 22)可得

$$\frac{1}{2} J_e(\varphi) \omega^2(\varphi) = \frac{1}{2} J_{e0} \omega_0^2 + \int_{\varphi_0}^{\varphi} M_e(\varphi) \mathrm{d}\varphi \qquad (10 - 23)$$

从而可求得

$$\omega = \sqrt{\frac{J_{e0}}{J(\varphi)} \omega_0^2 + \frac{2}{J_e(\varphi)} \int_{\varphi_0}^{\varphi} M_e(\varphi) \mathrm{d}\varphi} \qquad (10 - 24)$$

等效构件的角加速度 a 为

$$a = \frac{\mathrm{d}\omega}{\mathrm{d}t} = \frac{\mathrm{d}\omega}{\mathrm{d}\varphi} \frac{\mathrm{d}\varphi}{\mathrm{d}t} \frac{\mathrm{d}\omega}{\mathrm{d}\varphi} \omega \qquad (10 - 25)$$

有时为了进行初步估算,可以近似假设等效力矩 $M_e =$ 常数,等效转动惯量 $J_e =$ 常数,因此机械运动的方程式力矩形式可以写成如下方式

$$J_e \mathrm{d}\omega / \mathrm{d}t = M_e$$

即

$$\alpha = \mathrm{d}\omega / \mathrm{d}t = M_e / J_e \qquad (10 - 26)$$

积分得

$$\omega = \omega_0 + at \qquad (10 - 27)$$

若 $M_e(\varphi)$ 是以线图或表格形式给出的,则只能用数值积分法求解。

2. 等效转动惯量是常数,等效力矩是速度的函数

由电动机驱动的鼓风机、搅拌机等的机械系统就属这种情况。对于这类机械,应用式(10 - 24)来求解是比较方便的。

由式(10 - 24)解出 $\omega = \omega(t)$ 以后,即可求得角加速度 $a = \mathrm{d}\omega / \mathrm{d}t$。求 $\varphi = \varphi(t)$ 时,可利用以下关系式:

$$M_e(\omega) = M_{ed}(\omega) - M_{er}(\omega) = J_e d\omega/dt$$

将式中的变量分离后,得

$$dt = J_e d\omega/M_e(\omega)$$

积分得

$$t = t_0 + J_e \int_{\omega_0}^{\infty} \frac{d\omega}{M_e(\omega)} \tag{10-28}$$

式中,ω_0 是计算开始时的角速度。欲求 $\varphi = \varphi(t)$,可以利用以下方程式

$$\varphi = \varphi_0 + \int_{t_0}^{t} \omega(t) dt \tag{10-29}$$

3. 等效转动惯量是位置得函数,等效力矩是位置和速度的函数

用电动机驱动得刨床、冲床等机械系统属于这种情况。其中,包含有速度比不等于常数的机构,故其等效转动惯量是变量。这类机械的运动方程式可列为

$$d[J_e(\varphi)\omega^2/2] = M_e(\varphi, \omega)d\varphi$$

这是一个非线性微分方程,若 ω、φ 变量无法分离,则不能用解析法求解,而只能采用数值法求解。下面介绍一种简单的数值解法——差分法。为此,将上式改写为

$$dJ_e(\varphi)\omega^2/2 + J_e(\varphi)\omega d\omega = M_e(\varphi, \omega)d\varphi \tag{10-30}$$

又如图 10-5 所示,将转角 φ 等分为 n 个微小的转角 $\Delta\varphi = \varphi_{i+1} - \varphi(i=0,1,2,\cdots)$。而当 $\varphi = \varphi_i$ 时,等效转动惯量 $J_e(\varphi)$ 的微分 dJ_{ei} 可以用增量 $\Delta J_{ei} = J_{e\varphi(i+1)} - J_{e\varphi}$ 来近似地代替,并简写成 $\Delta J_i = J_{i+1} - J_i$ 同样,当 $\varphi = \varphi_i$ 时,角速度 $\omega(\varphi)$ 的微分 $d\omega_i$ 可以用增量 $\Delta\omega_{ei} = \omega_{e\varphi(i+1)} - \omega_{e\varphi}$ 来近似地代替,并简写为 $\Delta\omega_i = \omega_{i+1} - \omega_i$。于是,当 $\varphi = \varphi_i$ 时,式(10-30)可写为

$$(J_{i+1} - J_i)\omega_i^2/2 + J_i\omega_i(\omega_{i+1} - \omega_i) = M_e(\varphi_i, \omega_i)\Delta\varphi$$

解出 ω_{i+1} 为

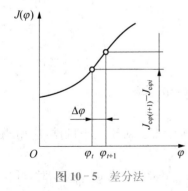

图 10-5 差分法

$$\omega_{i+1} = \frac{M_e(\varphi_i, \omega_i)\Delta\varphi}{J_i\omega_i} + \frac{3J_i - J_{i+1}}{2J_i}\omega_i \tag{10-31}$$

式(10-31)可用计算机方便地求解。

由表 10-1 中数据可以看出,根据试取的角速度初始值 ω_0 进行计算,主轴回转一周后 ω_{24}' 并不等于 ω_0。这说明机械尚未进入周期性稳定运转。只要以 ω_{24}' 作为 ω_0 的新的初始值再继续计算下去,数周后机械即可进入稳定运转。在本例中,在第二周时,rad/s 即已进入稳定运转

阶段。

表 10 - 1　相关数据

i	$\varphi/(°)$	$J_e(\varphi)/(kg \cdot m^2)$	$M_{er}(\varphi)/(N \cdot m)$	$\omega'/(rad/s)$	$\omega''/(rad/s)$
0	0	34.0	789	5.00	4.81
1	15	33.9	812	4.56	4.66
2	30	33.6	825	4.80	4.73
3	45	33.1	797	4.64	4.67
⋮	⋮	⋮	⋮	⋮	⋮
21	315	33.1	803	4.39	4.39
22	330	33.6	818	4.91	4.91
23	345	33.9	802	4.52	4.52
24	360	34.0	789	4.81	4.81

在上述单自由度机械系统中，只有一个原动件，因此可以用一个等效构件来代表原机械系统的运动。但是在多自由度机械系统中，这种方法不再适用。

对于自由度数目为 N 的机械系统，可利用拉格朗日方程研究其真实运动规律，其表达式为

$$\frac{d}{dt}\left(\frac{\partial E}{\partial \dot{q}_i}\right) - \frac{\partial E}{\partial q_i} + \frac{\partial U}{\partial q_i} = F_{ei} \quad (i = 1, 2, \cdots, N) \tag{10-32}$$

式中，E、U 分别为系统的动能和势能；q_i 为系统的广义坐标；$\dot{q}_i$ 为系统的广义速度；F_{ei} 为与 q_i 相对应的广义力；N 为系统的广义坐标数。利用拉格朗日方程进行机械系统的动力学分析，首先应确定系统的广义坐标，然后列出系统的动能、势能及广义力的表达式，代入式 (10-32) 即可获得系统的动力学方程。由此获得的动力学方程一般为非线性微分方程，需用数值法近似求解。

10.4　稳定运转状态下机械的周期性速度波动及其调节

1. 产生周期性速度波动的原因

作用在机械上的等效驱动力矩和等效阻抗力矩即使在稳定运转状态下往往也是等效构件转角 φ 的周期性函数，如图 10-7(a) 所示。设在某一时段的驱动力功和阻抗力为

$$W_d(\varphi) = \int_{\varphi_a}^{\varphi} M_{ed}(\varphi)d\varphi \tag{10-33}$$

$$W_r(\varphi) = \int_{\varphi_a}^{\varphi} M_{er}(\varphi) \mathrm{d}\varphi \qquad (10-34)$$

则机械动能的增量为

$$\Delta E = W_d(\varphi) - W_r(\varphi) = \int_{\varphi_a}^{\varphi} [M_{ed}(\varphi) - M_{er}(\varphi)] \mathrm{d}\varphi \qquad (10-35)$$

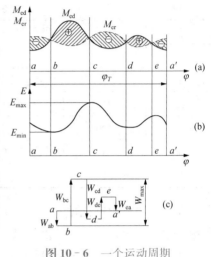

其机械动能 $E(\varphi)$ 的变化曲线如图 $10-6(b)$ 所示。

分析图 $10-6(a)$ 中 be 段曲线的变化可以看出,由于力矩 $M_{ed} > M_{er}$,因而机械的驱动功大于阻抗功,多余出来的功在图中以"$+$"号标识,称为盈功(increment of work)。在这一阶段,等效构件的角速度由于动能的增加而上升。反之,在图中 cd 段,因 $M_{ed} < M_{er}$ 而驱动功小于阻抗功,不足的功在图中以"$-$"号标识,称为亏功(decrement of work)。在这一阶段,等效构件的角速度由于动能减少而下降。如果在等效力矩和等效转动惯量在变化的公共周期内,即图中对应于等效构件转角由 φ_a 到 φ_a' 的一段,驱动功等于阻抗功,机械动能的增量等于零,即

$$\int_{\varphi_a}^{\varphi} [M_{ed}(\varphi) - M_{er}(\varphi)] \mathrm{d}\varphi = J_{ea'}\omega_{a'}^2/2 - J_{ea}\omega_a^2/2 = 0$$

$$(10-36)$$

图 $10-6$ 一个运动周期

于是,经过等效力矩与等效转动惯量变化的一个公共周期,机械的动能、等效构件的角速度都将恢复到原来的数值。可见,等效构件的角速度在稳定运转过程中将呈现周期性的波动。

2. 周期性速度波动的调节

如前所述,机械运转的速度波动对机械的工作是不利的,它不仅将影响机械的工作质量,也会影响机械的效率和寿命,所以必须设法加以控制和调节,将其限制在许可的范围之内。

(1) 平均角速度 ω_m 和速度不均匀系数 δ

为了对机械稳定运转过程中出现的周期性速度波动进行分析,下面先介绍衡量速度波动程度的几个参数。

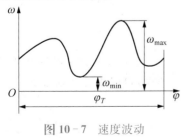

图 $10-7$ 速度波动

图 $10-7$ 所示为在一个周期内等效构件角速度的变化曲线,其平均角速度 ω_m 在工程实际中常用算术平均值来表示,即 $\omega_m = (\omega_{max} + \omega_{min})/2$ 机械速度波动的程度不仅与速度变化的幅度 $\omega_{max} - \omega_{min}$ 有关,也与平均角速度 ω_m 有关。综合考虑这两方面的因素,用运动不均匀系数(coefficient of nonun iforniily of motion)δ 来表示机械速

度波动的程度,其定义为角速度波动的幅度 $\omega_{max}-\omega_{min}$,与平均角速度 ω_n 之比,即

$$\delta=(\omega_{max}-\omega_{min})/\omega_m \tag{10-37}$$

同类型的机械,对运动不均匀系数 δ 大小的要求是不同的。表 10 - 2 列出了一些常用机械运动不均匀系数的许用值 $[\delta]$,供设计时参考。

表 10 - 2　常用机械运动不均匀系数的许用值

机械的名称	$[\delta]$	机械的名称	$[\delta]$
碎石机	1/5～1/20	水泵、鼓风机	1/30～1/50
冲床、剪床	1/10～1/10	造纸机、织布机	1/40～1/50
轧压机	1/10～1/25	纺纱机	1/60～1/100
汽车、拖拉机	1/20～1/60	直流发电机	1/100～1/200
金属切削机床	1/30～1/40	交流发电机	1/200～1/300

设计时,机械的运动不均匀系数不得超过允许值,即

$$\delta\leqslant[\delta] \tag{10-38}$$

必要时,可在机械中安装一个具有很大转动惯量的回转构件——飞轮(flywheel),以调节机械的周期性速度波动。

(2) 飞轮的简易设计方法

① 飞轮调速的基本原理。由图 10 - 7(b)可见,在 b 点处机械出现能量最小值 E_{min},而在 c 点处出现能量最大值 E_{max}。故在 φ_b 与 φ_c 之间将出现最大盈亏功(maximum increment or decrement of work)ΔW_{max},即驱动功与阻抗功之差的最大值:

$$\Delta W_{max}=E_{max}-E_{min}=\int_{\varphi_b}^{\varphi_c}[M_{ed}(\varphi)-M_{er}(\varphi)]d\varphi \tag{10-39}$$

如果忽略等效转动惯量中的变量部分,即设 $J_e=$ 常数,则当 $\varphi=\varphi_b$ 时,$\omega=\omega_{min}$,当 $\varphi=\varphi_c$ 时,$\omega=\omega_{max}$。由式(10 - 39)可得

$$\Delta W_{max}=E_{max}-E_{min}=\frac{J_c(\omega_{max}^2-\omega_{min}^2)}{2}=J_e\omega_m^2\delta \tag{10-40}$$

对于机械系统原来所具有的等效转动惯量来说,等效构件的速度不均匀系数将为

$$\delta=\Delta W_{max}/(J_e\omega_m^2) \tag{10-41}$$

当 δ 不满足条件式(10 - 36)时,可在机械上添加一个飞轮,则有 $\delta=\Delta W_{max}/(J_e+J_F)\omega_m^2$。只要等效转动惯量 J_F 足够大,就可达到调节机械周期性速度波动的目的。

② 飞轮转动惯量的近似计算。由式(10 - 38)和式(10 - 40)可导出飞轮的 J_F 的计算公式为

$$J_{\mathrm{F}} \geqslant \frac{\Delta W_{\max}}{(\omega_{\mathrm{m}}^2[\delta])} - J_{\mathrm{e}} \qquad (10-42)$$

如果 $J_{\mathrm{e}} \ll J_{\mathrm{F}}$，则 J_{e} 可以忽略不计，于是式(10-42)可近似写为

$$J_{\mathrm{F}} \geqslant \frac{\Delta W_{\min}}{(\omega_{\mathrm{m}}^2[\delta])} \qquad (10-43)$$

又如果式(10-43)中的平均角速度 ω_{m} 用平均转速 n(单位为 r/min)代换，则有

$$J_{\mathrm{F}} \geqslant 900\Delta W_{\max}/(\pi^2 n^2[\delta]) \qquad (10-44)$$

上述飞轮转动惯量是按飞轮安装在等效构件上计算的，若飞轮没有安装在等效构件上，则还需做等效换算。

为计算飞轮的转动惯量，关键是要求出最大盈亏功 $\Delta W_{\max}$。对一些较简单的情况，最大盈亏功可直接由图看出。对于较复杂的情况，则可借助于能量指示图来确定。取点 a 作为起点，按比例用铅垂向量线段依次表示相应位置 M_{ed} 与 M_{er} 之间所包围的面积 W_{ab}、W_{bc}、W_{cd}、W_{de} 和 W_{ed} $W_{ea'}$，盈功向上画，亏功向下画。由于在一个循环的起止位置处的动能相等，所以能量指示图的首尾应在同一水平线上，即形成封闭的台阶形折线。

由分析式(10-43)可知：

当 $\Delta W_{\max}$ 与 ω_{m} 一定时，若 $[\delta]$ 下降，则 J_{F} 增加。所以，过分追求机械运转速度的均匀性，将会使飞轮过于笨重。

由于 J_{F} 不可能为无穷大，若 $\Delta W_{\max} \neq 0$，则 $[\delta]$ 不可能为零，即安装飞轮后机械的速度仍有波动，只是幅度有所减小而已。

当 $\Delta W_{\max}$ 与 $[\delta]$ 一定时，J_{F} 与 ω_{m} 的平方值成反比，故为减小 J_{F}，最好将飞轮安装在机械的高速轴上。当然，在实际设计中还必须考虑安装飞轮轴的刚性和结构上的可能性等因素。

应当指出，飞轮之所以能调速是利用了它的储能作用。由于飞轮具有很大的转动惯量，故其转速只要略有变化，就可储存或释放较大的能量。当机械出现盈功时，飞轮可将多余的能量吸收储存起来；而当机械出现亏功时，飞轮又可将能量释放出来，以弥补能量之不足，从而使机械速度波动的幅度下降。因此可以说，飞轮实质上是一个能量储存器，它可以用动能的形式把能量储存或释放出来。惯性玩具小汽车就利用了飞轮的这种功能。一些机械(如锻压机械)在一个工作周期内，工作时间很短，而峰值载荷很大，在这类机械上安装飞轮，不但可以调速，还利用了飞轮在机械非工作时间所储存的能量来克服其尖峰载荷，从而可以选用较小功率的原动机来拖动，进而达到减少投资及降低能耗的目的：随着高强度纤维材料(用以制造飞轮)、低损耗磁悬浮轴承和电力电子学(控制飞轮运动)三方面技术的发展，飞轮储能技术正以其能量转换效率高、充放能快捷、不受地理环境限制、不污染环境、储能密度大等优点而备受关注。因而在电力调峰，风力、太阳能、潮汐等发电系统的不间断供电及其他一些现代化机电设备中都有广泛的应用前景。

③ 飞轮尺寸的确定。求得飞轮的转动惯量以后，就可以确定其尺寸。最佳设计是以最

少的材料来获得最大的转动惯量 J_F，即把质量集中在轮缘上。与轮缘相比，轮辐及轮毂的转动惯量较小，可忽略不计。设 G_A 为轮缘的重量，D_1、D_2 和 D 分别为轮缘的外径、内径与平均直径，则轮缘的转动惯量近似为

$$J_F \approx J_A = G_A(D_1^2 + D_2^2)/8g \approx G_A D^2/4g$$

或

$$G_A D^2 = 4g J_F \qquad\qquad (10-45)$$

式中，$G_A D^2$ 称为飞轮矩(moment of flywheel)，其单位为 N・m^2。由式(10-45)可知，当选定飞轮的平均直径 D 后，即可求出飞轮轮缘的重量 G_A。至于平均直径 D 的选择，应适当选大一些，但不宜过大，以免轮缘因离心力过大而破裂。设轮缘的宽度为 b，材料单位体积的重量为 γ(单位为 N/m^3)，则

$$G_A = \pi D H b \gamma$$

于是

$$Hb = G_A/(\pi D \gamma)$$

式中，H 及 b 的单位为 m。当飞轮的材料及比值 H/b 选定后，即可求得轮缘的横剖面尺寸 H 和 b。飞轮转子的转动惯量与转子的形状和质量有密切的关系，而飞轮的最高转速受到飞轮转子材料强度的限制。对于高速储能飞轮，可以通过对飞轮的形状进行优化设计，最大限度地发挥材料的使用效能。还应指出，在机械中起飞轮作用的不一定是专为其设计安装的飞轮，而也可能是具有较大转动惯量的齿轮、皮带轮，或其他形状的回转构件。

10.5　机械的非周期性速度波动及调节

如果机械在运转过程中，等效力矩 $M_e = M_{ed} - M_{er}$ 的变化是非周期性的，机械运转的速度将出现非周期性的波动，从而破坏机械的稳定运转。若长时间内 $M_{ed} > M_{er}$，则机械将越转越快，甚至可能会出现飞车现象，从而使机械遭到破坏；反之，若 $M_{er} > M_{ed}$，则机械又会越转越慢，最后导致停车。为了避免上述情况的发生，必须对非周期性的速度波动进行调节，使机械重新恢复稳定运转。为此，就需要设法使等效驱动力矩与等效阻力矩彼此相互适应。

对选用电动机作为原动机的机械，电动机本身就可使其等效驱动力矩和等效阻力矩自动协调一致。当 $M_{ed} < M_{er}$ 而导致电动机速度下降时，电动机所产生的驱动力矩将自动增大；反之，当 $M_{ed} > M_{er}$ 而导致电动机转速上升时，其所产生的驱动力矩将自动减小，以重新达到平衡，电动机的这种性能称为自调性。

但是，若机械的原动机为蒸汽机、汽轮机或内燃机等时，就必须安装一种专门的调节装

置——调速器(speed regulator)来调节机械出现的非周期性速度波动。调速器的种类很多,按执行机构分类,主要有机械的、气动液压的、电液和电子的等。

图 10-8 所示为燃气涡轮发动机中采用的离心式调速器的工作原理图。支架 1 与发动机轴相连,离心球 2 铰接在支架 1 上,并通过连杆 3 与活塞 4 相连。在稳定运转状态下,由油箱供给的燃油一部分通过增压泵 10 增压后输送到发动机,另一部分多余的油则经过油路 a、调节油缸 6、油路 6 回到油泵进口处。当外界条件变化引起阻力矩减小时,发动机的转速 ω 将增高,离心球 2 将因离心力的增大而向外摆动,通过连杆 3 推动活塞 4 向右移动,使被活塞 4 部分封闭的回油孔间隙增大。因此回油量增大,输送给发动机的油量减小,故发动机的驱动力矩相应地下降,机械又重新恢复稳定运转。反之,如果工作阻力增加,则做相反运动,供给发动机的油量增加,从而使发动机恢复稳定运转。

调速器或调速系统有多种不同的形式和调速工作原理,而且各有优缺点和适用场合。例如,液压调速器具有良好的稳定性和高静态调节精度,但结构工艺复杂、成本高,如大功率柴油机多用液压调速器。

电子调速器具有很高的静态和动态调节精度,易实现多功能、远距离和自动化控制及多机组同步并联运行。电子调节系统由各类传感器把采集到的各种信号转换成电信号输入计算机,经计算机处理后发出指令,由执行机构完成控制任务。在航空电源车、自动化电站、低噪声电站、高精度的柴油发电机组和大功率船用柴油机等机械中就采用了电子调速器。图 10-9 所示为应用在柴油发电机组上某电子调速系统结构框图,与机械调速器相比,电子调速系统的转速波动率、瞬时调速率和稳定时间均有较大的改善。近年来,不少小型水电站的水轮机调速器所采用的机械或电气液压调速器逐步被微机或可编程控制调速器所取代,提高了水电站供电的安全可靠性和经济效益。

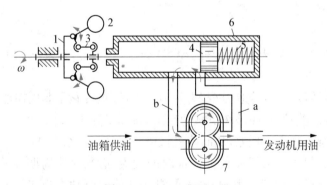

图 10-8 离心式调速器

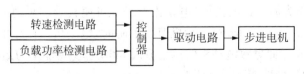

图 10-9 电子调速器结构框图

10-1 在如题 10-1 图所示的导杆机构中,已知各构件的长度 $L_{AB}=150\,\text{mm}$, $L_{AC}=300\,\text{mm}$, $L_{CD}=550\,\text{mm}$,各构件质量 $m_1=5\,\text{kg}$,(质心 S_1 在 A 点),$m_2=3\,\text{kg}$(质心 S_2 在 B 点),$m_3=10\,\text{kg}$(质心 S_3 在 AB 中点),驱动力矩 $M_1=300\,\text{N·m}$,各构件的在转动惯量 $J_{S_1}=0.05\,\text{kg·m}^2$, $J_{S_2}=0.002\,\text{kg·m}^2$, $J_{S_3}=0.2\,\text{kg·m}^2$。 求

(1) M_1 换算到导杆 3 上的等效力和 D 点的等效圆周力。

(2) 换算到轴 C 上的等效转动惯量。

10-2 在如题 10-2 图所示的曲柄滑块机构中,构件 1 的质心在 O 点,转动惯量为 J_1,构件 2 的质心为 S_2,质量为 m_2,绕质心 S_2 的转动惯量为 J_{S_2},构建 3 的质心在 B 点,质量为 m_3,构件 1 上作用有驱动力矩 M_1,构件 3 上作用有阻抗力 F_3,求:

(1) 构件 1 为有效构件时的等效力矩和等效转动惯量。

(2) 以构件 3 为有效构件时的等效力矩和等效转动惯量。

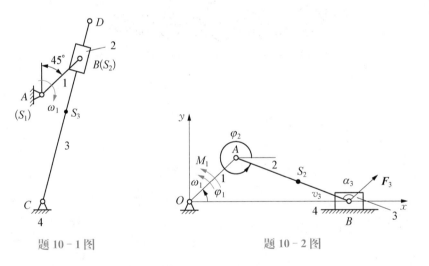

题 10-1 图　　　　　　　題 10-2 图

10-3 题 10-3 图所示为机构转化到某主轴上的阻力矩曲线,已知驱动力矩是常数,主轴的平均角速度 $\omega_m=25\,\text{rad/s}$,速度不均匀系数为 $[\delta]=0.02$。 求驱动力矩和最大盈亏功,并指出动能最大和最小的点。

10-4 在如题图 10-4 所示的电机驱动剪床机组中,已知电机的转速为 $1500\,\text{r/min}$,作用在主轴上的阻力矩为 M_r,设驱动力矩为常数,机组各构件的等效转动惯量忽略不计,速度不均匀系数 $[\delta]\leqslant0.05$,求应安装在电轴上的飞轮转动惯量 J_F。

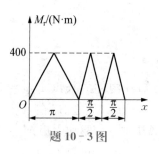

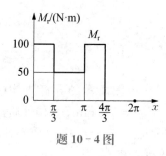

题 10 - 3 图   题 10 - 4 图

10 - 5 题 10 - 5 图所示为一个多缸发动机转化到曲柄上的等效驱动力矩 M_d 和等效阻力矩 M_r 在一个运动循环中的变化曲线图。两条曲线包围的面积如图所示,单位为 mm²,比例尺,$\mu_M = 100$ N · mm/mm,$\mu_\varphi = 0.01$ rad/mm,设曲柄的平均转速为 120 r/min,要求实际转速波动不超过平均转速的 ±3%。求装在该曲柄上的飞轮的转动惯量和飞轮矩。

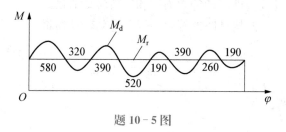

题 10 - 5 图

参 考 文 献

［1］孙恒,陈作模,葛文杰.机械原理[M].8 版.北京:高等教育出版社,2013.

［2］郑文纬,吴克坚.机械原理[M].7 版.北京:高等教育出版社,2020.

［3］邹慧君,张春林,李杞仪.机械原理[M].2 版.北京:高等教育出版社,2006.

［4］申永胜.机械原理教程[M].北京:清华大学出版社,2020.

［5］于靖军.机械原理[M].北京:机械工业出版社,2013.

［6］陆宁,樊江玲.机械原理[M].2 版.北京:清华大学出版社,2012.

图书在版编目(CIP)数据

机械原理/崔岩,张春燕主编. —上海:复旦大学出版社,2021.8
ISBN 978-7-309-15721-5

Ⅰ.①机… Ⅱ.①崔… ②张… Ⅲ.①机械原理-高等学校-教材 Ⅳ.①TH111

中国版本图书馆 CIP 数据核字(2021)第 101461 号

机械原理

崔　岩　张春燕　主编

责任编辑/王　珍

复旦大学出版社有限公司出版发行
上海市国权路 579 号　邮编:200433
网址:fupnet@ fudanpress.com　http://www.fudanpress.com
门市零售:86-21-65102580　团体订购:86-21-65104505
出版部电话:86-21-65642845
上海四维数字图文有限公司

开本 787×1092　1/16　印张 13.25　字数 298 千
2021 年 8 月第 1 版第 1 次印刷

ISBN 978-7-309-15721-5/T·698
定价:39.00 元